How Babies Sleep:

The Gentle, Science-Based Method to Help Your Baby Sleep Through the Night

科學驗證、保證有效的寶寶熟睡法

蘇菲亞 · 阿克塞爾羅德（Sofia Axelrod）PhD 著
許可欣　譯

目錄

PART 2 第一步：創造理想的光線和睡眠環境

PART 3 第二步：創造理想的睡眠和小睡時間表

PART 4 第三步：教導寶寶一覺到天亮

PART 5 解決常見的睡眠問題

本書獻給所有睡眠不足的父母

書中內容為作者的意見及想法，目的在為本書所提及的對象提供有用的資訊。本書的銷售前提為：作者和出版商並未於書中提供醫療、健康或任何個人專業服務，讀者在採納本書的任何建議或從中得出推論之前，應先諮詢醫療、健康相關有力的專業人士。

因使用和應用本書任何內容而直接或間接導致的任何責任、損失或風險（無論是個人或他人），作者和出版商概不承擔任何責任。

〈前言〉

跟著做，寶寶從16週大就能一覺到天亮

二〇一七年，當我看著導師生物學家麥可．楊恩（Michael Young）因發現引導睡眠行爲的基因，在斯德哥爾摩皇家學院領取諾貝爾獎時，我想知道人在紐約的先生是否記得在哄女兒睡覺時打開紅光燈。爲什麼？因爲那就是楊恩和他的同事麥可．羅斯巴希（Michael Rosbash）及傑佛瑞．霍爾（Jeff Hall）一起贏得獎項的原因，也是激勵我嘗試新事物的主因。自二〇一二年起，我在紐約洛克菲勒大學「楊恩遺傳學實驗室」裡擔任博士後研究員，後來轉任副研究員，而楊恩的研究找出了能調節我們清醒和睡眠週期的基因，而且可以用一種簡單的方式影響這些基因：控制我們（以及寶寶）的光照。

你或許好奇這和我先生、女兒育嬰室裡的紅光燈有什麼關係，讓我來解釋解釋。我是個睡眠科學家，也是兩個孩子的媽媽，所以我可以感同身受，知道寶

寶無法一覺到天亮，導致父母睡眠不足會是多麼痛苦的事，也知道照顧每幾個小時就醒來一次的新生兒有多麼累人。我們都曾經歷過——半夜兩點，你睡得很沉，突然間寶寶發出刺耳的哭聲吵醒了你，那聲音聽來像是極度的絕望，你暈頭轉向地看了一眼時鐘，因爲這惱人的時間嘆了一口氣，但你還是起身蹣跚地走進寶寶的房間，努力想知道她到底爲何這麼不高興，這時她不可能又餓了啊。我也曾是那種媽媽，經歷的次數都數不清了，因爲長時間的睡眠不足，腦袋一直像團漿糊，感覺糟透了。事實上，我太厭惡那種感覺，所以用盡每個腦細胞，也要搞定寶寶的睡眠問題。結果成功了——因爲我利用了睡眠科學。

我們在洛克菲勒大學的實驗室中研究睡眠的基礎，探索爲何要睡覺、如何調節睡眠，甚至是睡眠剝奪的後果。多虧了科學的進步，以及我們的實驗室和全球其他睡眠專家的研究，如今人類對睡眠科學已有大量的認識。這本書將提供一套以科學爲基礎的計畫，幫助你的寶寶能徹夜好眠，爲一輩子的健康睡眠習慣自然地打好基礎，不再需要求助於讓新手爸媽覺得困難的典型「睡眠訓練」法。因爲這套計畫建立於科學之上，各位將順應寶寶自然的睡眠欲望，而非對抗它；它是直覺且溫和的，而非強迫又挑戰的。

使用此書所條列的方式，你的寶寶到16週大後，晚上至少可以連睡7個小時。我怎麼知道？因爲我在自己兩個孩子身上嘗試過，我的寶寶睡眠輔導客戶也嘗試過，成功案例一個接一個。大女兒莉亞出生時，我完全不知道怎麼讓她一覺到天亮，但我自然地開始將實驗室裡的研究應用到莉亞的睡眠作息上，以實驗室所學減少她夜間醒來的次數，幫助她在吃飽後盡快入睡，效果出奇的好。莉亞長大後，老二出生了，我繼續精進這套方法，並且汲取科學研究裡的創見，結合我的個人觀察，構成一套簡單的方式。現在，歷經兩個寶寶、5年時光，以及許多成功的故事之後，我堅信睡眠科學可以幫助各位的寶寶更快獲得一夜好眠，且比你想像的更簡單。我將睡眠科學轉譯成一套計畫，適用於現實世界的所有父母，現在我很高興與大家分享這套計畫。

利用本書條列的方式，你的寶寶到16週大後，晚上至少可以連睡7個小時。

由於這本書根基於科學，它能提供獨特的優勢，幫助你解決寶寶的睡眠問題。至於有哪些問題？直接來聽聽請求輔導的父母怎麼說：

「他午睡時不可能把他放下來，要一直抱著。」

「她晚上每小時醒來一次要喝奶。」

「我的三歲小孩一開始就很好睡，但新生寶寶就沒那麼好運了！救命！」

「我好累，一直忘記重要的事。」

「每天都好難將他哄睡。」

聽來耳熟嗎？你曾用這些話形容你寶寶的睡眠嗎？比方下列這些話？

「他今天早上5點醒來。」

「我今天早上哄她睡著了。」

「他昨天沒有睡午覺。」

「她昨晚早一個小時睡著。」

「只要他累了，我就讓他睡覺。」

「現在是週末！隨便啦。」

「我們在度假！隨便啦。」

「她正在學走路，所以她睡得不好。」

「所有的寶寶都不一樣，我兒子就不好睡。」

這些描述和睡眠問題都很常見——在輔導過程中每天都會聽見。這些問題都指出他們缺乏作息，沒有固定的晝夜節律，還缺乏對睡眠本質的了解。日日改變、混亂的睡眠作息很常見，而這會讓家長付出很大的代價。這本書即是在幫助大家了解這些問題並加以解決。

以科學為基礎的全新解決方案

儘管有許多有關嬰兒睡眠的書籍、文章和部落格，但本書的睡眠相關研究和科學知識，可幫助你了解哪些因素影響嬰兒睡眠？又，哪些因素不影響嬰兒睡眠？關於「如何讓嬰兒一夜好眠」和「什麼是最適合嬰兒的睡眠」，可以找到無數的建議，且這些建議經常相互矛盾，有些專家主張「以嬰兒爲主導」的餵食和睡眠，另一些專家則相信須培養嚴格的規律。同睡，育兒，哺乳，哭鬧——倡導者幾乎像宗教信仰般各自鼓吹不同的方式，想要證明這些作法對嬰兒的健康和福祉至關重要。

理性的父母並不是因爲缺乏資訊而無所適從，資訊很多：在網路上、書架上都可以找到。很多父母都那麼做，他們會大量的閱讀，我也曾是其中一員。問題是這些資訊並不一致，且無法清楚說明什麼才是讓孩子作息規律或是能徹夜好眠的最佳方法，每個育嬰書、部落格或雜誌文章的作者都堅定的提出他們的建議，但每個人的意見都不一樣。最後，父母做出各種嘗試，這些嘗試不一定奏效，然後他們就轉換下一種方法，因爲他們也不是特定信服於某一種方式，這也是因爲有關寶寶睡眠的科學知識尚未成爲常識。

現在，是時候讓我們以最新的科學知識了解嬰兒的睡眠方式了。這與衛生史沒有太大不同，曾經有段時間，許多疾病的眞正原因無從得知，因爲肉眼無法看見微生物，在兩百年前，人們還認爲用水清洗自己是不好的行爲，因爲水是有毒的！但今天，多虧科學與科技的進步，我們知道是微生物導致生病，也知道經常洗手可以預防疾病。知識就是力量！

讀完這本書，你能得到幫助寶寶一夜好眠的知識。我的計畫除了以生物學爲基礎，也奠基於過去50年有關晝夜節律和睡眠的科學研究。在麥可．楊恩的實驗室裡，我的研究讓我能第一手分析有關睡眠的大量資料，這其中必然有找出睡眠調節的某些關鍵點。我們只要將這些資料運用到日常生活即可，最棒的是：這很容易。

寶寶睡眠訓練想要成功，需要兩大要素：正確的方法和紀律。你怎麼知道我的方法能神奇地幫助你調整寶寶的作息，讓他容易入眠又整夜酣睡呢？！其他方法的基礎最差的可能是個人意見，最好的是兒科醫師的健康建議，相對於那些方法，我的方式是基於身體和大腦的基礎生物學事實。科學已經揭示了身體內在運作的重大祕密，有些祕密在演化中已經存在了數百萬年，我只是再進一步，將那些祕密應用於寶寶的睡眠中。

寶寶睡眠訓練想要成功，需要兩個因素：正確的方法和紀律。

若想爲寶寶建立穩定的睡眠作息，我們只要利用這些科學知識。而影響睡眠的主要因素有兩個：環境條件（尤其是光線），以及睡眠行爲。環境和行爲都會影響我們的睡眠時間和品質，除了從科學中提取易於遵循的建議，爲了能成功訓練睡眠，我也將幫助各位把握最重要的工具：紀律。

只要能了解計畫背後的科學及方法學，就知道爲何「寶寶熟睡法」是通往一夜好眠的道路——無論是對你或對你的寶寶。

我們所知道的睡眠

我們的實驗室研究晝夜節律和睡眠，而我的導師麥可·楊恩因爲終身致力於這項研究，於二〇一七年贏得諾貝爾生理醫學獎。35年前，楊恩和他的研究團隊發現調節黑腹果蠅（Drosophila melanogaster）睡眠時間等晝夜行爲的基因，多年來，我們的實驗室都努力研究有關睡眠行爲的分子機制，想描繪出更詳細的樣貌。

這項研究最令人出乎意料的是，調節果蠅睡眠的基因也存在於地球上的所有動物，甚至植物中。事實上，這些基因還會演化，讓植物能朝著陽光旋轉，這種基因稱爲「時鐘基因組」（clock genes），其作用於我們體內大多數細胞。這些身體裡的時鐘怎麼知道時間呢？我們的大腦有個特殊區域，稱爲「視交叉上核」（suprachiasmatic nucleus, SCN），負責管理身體的時間，因此也被稱爲節律器或中央時鐘。中央時鐘裡的時鐘基因告訴體內所有細胞現在的時間，調節我們的生理與行爲，包括睡眠。

調節果蠅睡眠的基因存在於地球上的所有生物，甚至植物中。

有趣的是，在調節睡眠方面——無論是成人或嬰兒的睡眠——光線對中央時鐘都會產生影響。透過眼睛的特化細胞，中央時鐘與光/暗的循環同步，再將時間資訊傳遞到大腦。寶寶身上也有同樣的「同步化」（entrainment），而且他們還比大人對光線更敏感。因此，我的方式有很大一部分在控制寶寶的照光程度。在第1篇〈睡眠科學〉裡，我會更詳細地說明影響睡眠的各種因素，這些因素也是這個計畫的基礎。

作息的重要性

第一個孩子出生時，我還沒發展出各位正在閱讀的這套計畫，當時我也淹沒在一大堆相互衝突的資訊裡，我們爲莉亞找了保母，她是個非常貼心的俄羅斯女士，名叫納蒂亞（爲保護隱私已改名），負責在我上班時照顧寶寶。莉亞三個月大時，納蒂亞開始這份工作，當時莉亞的午休和睡覺時間都很不規則，我很猶豫是否要強迫控制她的作息，納蒂亞告訴我，對嬰兒來說最重要的是有規律作息。那時候我聽了只是皺眉，但現在我知道她說的完全正確。

強制寶寶的作息，在母親聽來都有點彆扭，你可能擔心寶寶午睡時將他叫醒，是剝奪了他的睡眠，或是爲了作息而延後餵食，是讓她捱餓了。事實上，從幾週大開始就嚴格遵循作息不只是可能的，對寶寶和你也都有助益，你們會知道接下來要做什麼事，會發生什麼事。遵循固定的時間表是很重要的，要有固定的小睡時間、就寢時間和起床時間。在此書中，我將解釋紀律的重要性，以及重複性和規律性對目標的必要性：這都是爲了讓你的寶寶能一夜好眠。同樣的原則也適用於大人，適當地應用本書的建議，你可以大幅改善自己及家人的睡眠，此外，你的孩子們將會有個規律的、平靜的、充分休息的人生開端，這樣的生活會持續到他們的童年後期，一直延續到成年。

如何使用此書

這本書的目標是提供一套必備的工具，讓你的寶寶從16週大開始就能一覺到天亮，即使我的建議在其他書籍中並不常見，但大部分都非常容易遵循。舉例來說，調整育嬰室的光線及光照的時間能讓寶寶的睡眠產生巨大的改變。以下是本書的內容概要。

調整育嬰室的光線及光照的時間，能讓寶寶的睡眠產生巨大的改變。

本書的前三部分是寶寶睡眠哲學的基礎。首先，我會解釋睡眠科學，提供本書所建議的藍圖，只要你理解了睡眠的原因和方式，以及干擾睡眠的因素，我的計畫將會非常有意義。第一步，我將提供一套簡單易懂的指南，幫助你改善育嬰室或寶寶的睡眠空間，創造良好的睡眠習慣；第二步，我將解釋如何制定時間表以強化這些習慣，並幫助你和寶寶建立能改善睡眠的作息；第三步，將一步步說明以科學爲基礎且非常溫和的睡眠訓練。作爲一名家長和睡眠顧問，我的目標是讓你和你的寶寶在這段過程中盡可能的感覺輕鬆！所以儘管我鼓勵睡眠訓練，我還是不相信讓寶寶長時間哭泣是必要的。在這個階段，你的環境和生活型態要做出很多改變，好幫助你的寶寶了解什麼時候是白天，什麼時候是黑夜，這些改變能幫助溫和睡眠訓練，盡可能讓寶寶感到舒適，同時又保持效果。

後三部分會幫助你對計畫做些個人化的調整，並解決你的問題。我會先說明一些常見的問題，例如睡眠倒退；如何隨著寶寶的成長及睡眠需求量減少來調整作息？如何為可能中斷睡眠的旅遊或其他事件做好準備？特別是跨時區旅遊時。我也會解答一些常見的迷思，像是解釋如果寶寶午睡過久，可能影響夜間睡眠時，為什麼最好是叫醒寶寶。

我在本書各章會引述寶寶成功睡眠的故事，故事來自於我輔導過的家庭，這些嬰兒睡眠問題都是真實案例（為保護隱私已改名），我會描述我們如何利用這個方法解決這些問題。引述這些故事是為了鼓勵各位走過這段旅程，也幫助你們成為自己的寶寶睡眠偵探。閱讀這些故事，你可以試試自己學到多少：你能不能解決他們的睡眠問題？同時，你或許也能在這些故事中找到自己寶寶的睡眠問題，並學習哪些方法有用？哪些沒有用？最重要的是，你可以看到我們不斷應用這三個步驟——創造理想的光照和睡眠環境，創造理想的時間表，然後進行溫和睡眠訓練——不管什麼年齡、不管有什麼特別的睡眠問題，所有的寶寶都適用。

我的方法是通用的，我希望各位知悉這一點，如此一來，無論現在或未來，你都能解決自己寶寶的睡眠問題。我希望你們能因此得以看到不斷出現的模式，以及解決它們的方法，也就是採取正確的步驟改善自己的睡眠，並且對你自己的作法深感自信。

等你看完這本書，你就是寶寶睡眠專家了。我的目標並非要求你遵循嚴格的規則，而是賦予你知識及工具，讓你能自信地爲你的寶寶和自己建立最好的作息和習慣，我的指導方針是爲了讓你的寶寶盡可能快速且輕鬆地徹夜好眠，但在你遵循我的建議時，請相信你的直覺，知道什麼時候該依寶寶的需求調整方針，這也是很重要的。

相信你的直覺

我懷第一個寶寶時，曾經詢問姊姊的意見，她已是四個孩子的媽，我希望她能推薦一本書，或是一套育兒方法，但她卻叫我遵循直覺。當時我不明白她的意思，不過寶寶出生後，我開始懂了。

在懷孕期間，我們承受荷爾蒙變化的影響，大腦的連接性和活力都會改變，這些改變有什麼作用？比起已經照顧過第一胎的爸媽，新手爸媽對新生兒哭鬧的體驗更強烈。紐約大學研究人員在二〇一五年進行的一項深入研究揭示了這種感受的原因。老鼠的幼鼠跟人類的嬰兒一樣，都會哭叫著找媽媽，未生育的老鼠會無視幼鼠的哭聲，而新手媽媽則會立即回應幼鼠，並開始照顧牠們，結果發現是「擁抱荷爾蒙」催產素（oxytocin）影響了這個行爲，新手爸媽——無論是老鼠或人——的催產素值都很高。這項研究顯示，催產素在大腦的聽覺皮層中特別活躍，因此增強了對幼兒啼哭的反應能力。如果將催產素注入未生育老鼠的聽覺皮層，會完全改變牠們的行爲：牠們不再冷淡，也會和眞正的鼠媽媽表現出同樣的照顧反應，會幫忙照顧幼鼠。

母親和父親的大腦在懷孕和分娩過程中都會產生物理變化。

我住在紐約市，因爲我們的公寓很吵，晚上睡覺我會戴著耳塞。第一個孩子出生後，我們讓她單獨睡在自己的房間，和我們的臥室隔了一條走廊，我不知道是否該繼續戴著耳塞，我怕會因此聽不到她哭喊。結果無論我有多累，無論我睡得多深沉，輕微的哭聲都會讓我的大腦一震，立即清醒——就算戴耳塞也一樣。

新手媽媽對哭泣的嬰兒更加敏感，我可以證明這一點。如果我聽到寶寶哭，即使不是自己的寶寶，都很難忽略它。我清楚的記得以前聽到寶寶哭聲就覺得心煩，只想躲開那個聲音，現在卻讓我想去照顧那個寶寶！

雖然這種升高的敏感性似乎令人不安，但實際上它是促進母嬰連結的重要工具。因爲強烈地感受到嬰兒的哭泣，你會對寶寶投注大量的同理心；你會非常專注地幫助他，並細心滿足他的需要。敏感度的增加也會強化你的觀察力，你的注意力會直接投注在寶寶身上，你小心地看護著他，試著理解他需要什麼，很快地，你學會閱讀寶寶的線索，知道他的需求，即使他還不會說話、指物或控制任何動作；你越來越容易分辨重要的訊號和無意義的訊號，你也越來越能了解寶寶的狀態。在前幾天或前幾個禮拜會有很多次的嘗試和錯誤，但一開始那些活躍的思考過程——他餓了嗎？他想睡覺了嗎？他可能冷了！——最後都只會化成對眼前小人兒的深刻了解。不用花很長的時間，靠直覺你就能知道寶寶想要什麼，至少大多數時間都可以。

我記得莉亞只有一、兩個月大時，她原本開心的待在客廳搖籃裡，但她突然哭了起來，我母親在那裡和莉亞玩，想藉此讓莉亞分心——她覺得寶寶可能覺得無聊了。我看著莉亞，馬上就知道她是累了，她哭是因爲她想睡了。這不是直覺；我相信她累了，需要睡覺，這並非思考的過程，但我就是知道。事實上，我幾乎覺得她在跟我說話，不過沒有聽到聲音；我沒有幻覺。只是她哭泣的聲調、她的臉部表情、她的動作——這一切看來都很明顯，就好像她說：「媽咪，我想睡了，帶我去床上。」

不用花很長的時間，靠直覺你就能知道寶寶想要什麼，至少大多數時間都可以。

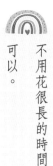

調整指導方針的時機

大自然衍生出一種巧妙的方法來確保我們能照顧好後代，而你最安全、最簡單的選擇，就是嘗試利用自己成爲父母後體內產生的資源。就照顧嬰兒而言，這意味著什麼？這意味著沒人比你更了解你的寶寶，如果你覺得寶寶需要什麼，或是有什麼問題，那麼不要壓抑這種感覺，即使有人反對。

> 大自然衍生出一種巧妙的方法來確保我們能照顧好後代，而你最安全、最簡單的選擇，就是嘗試利用自己成為父母後體內產生的資源。

新手爸媽會不斷地徘徊於保護和放手之間，讓寶寶一覺到天亮的過程最能說明這一點。這本書的指導方針是爲了自然地提升寶寶天生的睡眠節律，但寶寶睡不著或是無端哭鬧時，有可能和睡眠節律或混亂作息無關，他可能太熱或太冷，衣服可能太硬，可能生病了，可能因爲打預防針而不舒服，這些原因（還有很多其他原因）都可能讓寶寶哭泣，讓他無法入眠。身爲新手爸媽，你自然而然會努力找出正在影響寶寶舒適感的原因，並去除這些干擾，如果你覺得有什麼事不對勁了，而這件事會讓你覺得焦慮或非常擔憂，那麼就不要再遵循我的指導方針。

在創造本書的所有方針時，我一直記得這些可能性，所以方針都可以依此修改。舉例來說，如果寶寶生病了，他或許需要更多安撫、更多注意及更多照顧，對生病的寶寶來說，通常也需要更多睡眠，因爲他正在對抗感染，不管白天晚上，他都想睡得更多。如果是這樣的話，與其遵循我的時間表，你應該讓寶寶有更長時間的小睡，晚上早點上床，夜間睡眠也要加長——換句話說，暫時擱置我的指導方針。等過了幾天他恢復健康和活動，再回復他平時的睡眠時間，也回到你的日常工作。最重要的是，這些時候不要急著做睡眠訓練，寶寶因生病而使睡眠時間拉長幾天，不會影響他正常的作息，只要他健康就可以直接回到過去建立的時間表。

我很感激你在面對寶寶睡眠問題時，拿起這本書，相信了我，現在是時候開始了！我很高興和你分享這些發展出寶寶熟睡法的有趣研究，這樣你就能更加了解這種方法的原理，以及它爲何如此有效。

在此要提醒我的讀者：爲了簡化內容，本書裡只提媽媽，而不是稱呼爸爸媽媽，如果你不是母親，請你不要介意——這本書是寫給每個照顧寶寶的人，或是想照顧嬰兒或幼兒的人，不分性別、性取向或婚姻狀態。

關鍵點

- 我們實驗室贏得諾貝爾獎的研究指出光線是睡眠調節的主因。
- 理解睡眠科學能讓父母更有力量。
- 父母的大腦會產生生理改變，好發展出理解寶寶需求的直覺。

PART 1

睡眠科學

為了幫助寶寶可以徹夜好眠，了解促發睡眠和中斷睡眠的原因是很重要的。所以在PART1，我將分享與日常節律及睡眠有關的科學研究，以及如何透過簡單易學的特殊規則應用這些知識，改善寶寶的睡眠。在閱讀完PART1後，你將了解為何光線對我們的身體有明顯的影響，同時還能完全掌控影響入眠時間及睡眠長度的幾個因素。

分享這些訊息的過程中，我將帶領你進入睡眠研究的迷人世界，一起見識科學界如何解開人類生理的重大問題，這趟科學之旅會從多年前的小昆蟲研究開始，一路行至近年的人類研究。在速成學習荷爾蒙生物學之後，你會了解到我們希望嬰兒的褪黑激素（一種強大的睡眠荷爾蒙）能在夜間達到高點，也會了解應該如何達成這項目標。

當了解睡眠科學之後，就可以在寶寶每一天的生活當中應用這項知識，你會知道如何善用光線；如何為寶寶及自己創造理想的時間表。本篇將一步步用淺顯易懂的方式說明科學常識，將大量研究成果濃縮成三大重點：光線與睡眠環境、小睡與作息時間表，以及夜間睡眠。你會知道只要在家做點小小的調整，就能大幅改善寶寶的睡眠，因為這些調整會影響到良好睡眠至關重要的幾個面向。

首先，我們來談談什麼是睡眠。

第1章 生理時鐘

麥可・楊恩在二〇一七年得知自己獲得諾貝爾生理醫學獎的那天，他在洛克菲勒大學教職員俱樂部舉辦的臨時慶祝活動分享了一則有趣的軼事：用分子時鐘計算睡眠和其他行爲時間的想法一開始遭到嘲笑。「基因影響行爲？沒人相信。」然而，超過35年的研究顯示，我們的清醒／睡眠週期（以及大多數其他生理功能和行爲）的確由分子時鐘調節，而楊恩和他的研究團隊則是第一個在果蠅身上找到這種機制的人。這種時鐘是嬰兒睡眠法的基礎，我將在這一章介紹背後的科學知識，包括時鐘的組成、位置及影響因素。

我們每個人都有生理時鐘，這個時鐘調整我們的行爲和生理功能，藉以幫助我們組織一天的生活，如第30頁的「生理時鐘」所示，它告訴我們夜晚要睡覺，早上要起床；要吃早餐、午餐和晚餐，讓我們的身體在那些時間做好準備，以便達到最佳的消化吸收效果；它調節我們的體溫和免疫系統。我們所有的精神狀態，包括情緒、警戒、動力，全天都受內在生理時鐘的調節而發生變化。什麼是生理時鐘？它如何控制？

根據自然規律，不只睡眠有最佳的時間，也就是晚上，生理活動的最佳時間是在下午，而最佳排便時間則在早晨。這種日常規律的科學名稱就叫作晝夜節律（circadian rhythm），這一詞來自拉丁語「circa」（關於）和 diem（日子），組合起來便是「關於日子的事」，因為一次週期的時間總長度就是一天。身體裡幾乎所有的生理功能都由晝夜節律控制。

所有動物，甚至植物都有生理時鐘，它幫助地球上所有生物為白天的陽光和高溫，以及夜晚的黑暗和寒冷做好準備。植物需要調整葉片的位置，好在第一道光線照射下來時便能開始行光和作用，掠食者利用生理時鐘知道狩獵的時間和獵物的可能位置，舉例來說，如果羚羊在晨昏時經常出現在河邊，獅子就應該在晨昏之前前往水塘邊，才不會錯過獵物；較冷緯度的動物需要在日落前找好棲身之地，才能躲過夜晚的寒冷。這些動物王國的案例說明了生理時鐘的功能，也就是預測環境的變化。

如果你將一盆植物放在完全黑暗的房間裡，永遠照不到陽光呢？它仍會預測陽光的來源，據此轉動葉片，並且在「白天」時隨著不存在的陽光從房間的一側轉向另一側，到了「夜晚」也會關閉葉子以保持濕度，這一切都發生在全黑的環境中。最驚人的是，只要植物活著，就會持續這樣的行爲，不過在全黑

身體裡幾乎所有的生理功能都由晝夜節律控制。

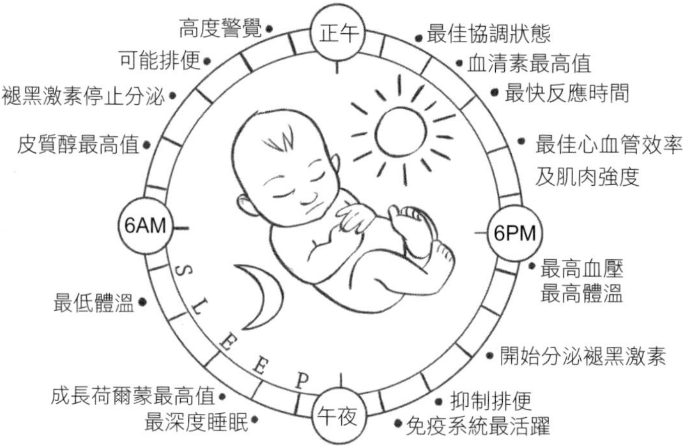

生理時鐘

我們的生理時鐘創造各方面的日常節律，包括睡眠、警覺、情緒、消化、心跳，還有免疫系統及荷爾蒙分泌等幾種生理參數。生理時鐘確保了我們全天都為環境的變化做好充分的準備，例如晚上該睡覺時感到疲倦，該吃飯時感到飢餓也準備好消化。

環境中的植物活不了太久。

很有趣吧，但這和我及我的寶寶有什麼關係？

時鐘的威力

假設你平時是晚上11點入睡，早上7點起床，若將你放到一個沒有窗戶的公寓，曬不到太陽，沒有電視，沒有網路，沒有其他時間的線索，但你隨時可以打開電子光源，可以盡情地吃東西、看書、看電影，你可以隨興安排一天的時間，決定什麼時候要關燈睡覺，你認爲會發生什麼事？

這個實驗眞實發生過，而且在不同國家有不同的研究團體不斷重複實驗。結果發現，你的節律會和日常生活完全一樣，你還是會在平時睡覺的時間上床，在平時起床的時間醒來，每一天都是如此，即使你身處那樣的條件。這就是時鐘的力量，你會發現每天晚上11點上床睡覺，早上7點起床，而這樣的作息對我們的小寶寶來說非常可取。

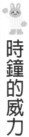

時鐘如何運作

時鐘如何運作，我們如何運用這種知識，讓寶寶一夜好眠？因為地球的自轉及公轉，一天有24小時，我們的內在時鐘也演化出一套將近24小時的晝夜節律，一個循環的長度是24小時，這個長度稱為一個週期。如果地球旋轉的速度減緩，白晝變長，我們的週期或許也會超過24小時。

我們內在時鐘的動力何來，是什麼告訴我們時間？大約50年前，科學家發現時鐘受我們體內一組基因控制，這組基因稱為時鐘基因。一九七〇年代早期，基因學家隆恩·柯諾普卡（Ron Konopka）和賽莫爾·班瑟（Seymour Benzer）在加州科技研究所工作時，曾提出以下問題：只發生在特定時間的特定行為是否需要某些基因存在？他們以一種迷你果蠅黑腹果蠅（Drosophila melanogaster）發展出一套模型系統，找到了答案。

在正常的發展過程中，蒼蠅卵會孵化成幼蟲，大量進食並成長，7天後，幼蟲開始結繭，並在蟲繭中變態為成年蒼蠅。成熟的蒼蠅會破繭而出，這個過程稱為脫蛹，距離蟲卵落地只有10天。有趣的是，脫蛹通常發生在清晨，如此一來，剛脫蛹的蒼蠅才能在溫暖的白天展翅，在光亮的環境中習慣他們的新身體。

洞穴與碉堡實驗

納撒尼爾．克萊特曼（Nathaniel Kleitman）是第一位不在社會24小時活動週期的情況下測試人類行為的研究者，他於一九三八年六月到七月，用一個月的時間，讓受試者待在肯塔基州的猛獁洞裡，研究他們的晝夜節律。洞穴裡對受試者進行了人工控制：一天的時間長度從24小時，改變為21小時或28小時。他監測他們的體溫和心跳，希望能了解人們是否會改變內在機制，也就是從生理上將24小時的節律改為21小時或28小時。

他發現，即使人們外在的環境改變了，人體還是會維持24小時節律——這個證據清楚表明內生晝夜節律的存在。

尤金．阿紹夫（Jürgen Aschoff）和德國研究者在一九六〇年代也進行了類似的實驗，他們在安德克斯（Andechs）一個巴伐利亞人的小鎮裡，利用二次世界大戰的碉堡建立一個實驗公寓，受試者可依喜好開關電燈，並依他們平時日夜作息做事，許多學生參與者利用在碉堡的時間準備考試。計畫在一九八〇年代早期結束，參與這份「碉堡實驗」的受試者超過三百人，結論很清楚：即使沒有陽光，人們仍維持近乎24小時的節律，這一點進一步證明了內在晝夜時鐘的存在。

爲了探討蒼蠅在早上脫蛹是否受基因影響，柯諾普卡和班瑟讓果蠅暴露於破壞DNA的化學物質或誘變劑中，從而隨機干擾個別基因的功能，然後觀察該基因是否影響脫蛹的時間。某些突變的確導致果蠅脫蛹時間失常：突變的果蠅未在早晨脫蛹，而是在白天或黑夜不定時脫蛹。此外，研究者發現另外兩種突變，果蠅並非時間錯亂，而是將24小時的蛻變週期縮短成19小時，或延長爲28小時。

果蠅研究中有一種傳統，他們會根據基因遺失後會引起的問題命名該基因，柯諾普卡和班瑟發現的突變改變了行爲週期，科學家便將這個時間錯亂的突變稱爲蠅期，其他兩個則分別稱爲短蠅期和長蠅期。幾年後，我的導師麥可·楊恩首次複製了蠅期基因，從而描述了該基因的特性。複製第一個時鐘基因，這個發現讓他及他的同事於二〇一七年獲得諾貝爾生理醫學獎，蠅期基因的發現打開了一扇門，讓我們在基因的基礎上了解晝夜節律。

我們的實驗室及其他研究發現了時鐘基因網絡，這些網絡負責管理我們體內的時間。

在這項開創性研究的基礎上，我們的實驗室及其他研究發現了時鐘基因網絡，這些網絡負責管理我們體內的時間。時鐘基因存在於身體內大多數細胞內，每個細胞都有它自己的時鐘，這些時鐘如何與其他細胞的時間同步呢？大腦中有一個結構稱為視交叉上核（SCN），它被認為是人體的中央時鐘。SCN神經元的放電頻率日夜變化——白天最高，夜晚最低，SCN的放電頻率能讓大腦其他部位及器官組織了解現在的時間。

第2章 重置時鐘的光線

如果每個人都有時鐘基因，且由視交叉上核安排我們的節律，那這個中央時鐘要怎麼重整？它一開始怎麼知道現在幾點了？答案很複雜，這依賴幾個稱爲校時器的因素（zeitgebers，來自德文，意思爲時間指標）——但主要的校時器是光線。當我們早上起床，拉開窗簾，眼睛後方特化的細胞，內在光敏性視網膜神經節細胞（ipRGCs）感受到光而活化，並將光線的訊息傳至中央時鐘＝SCN。有趣的是，視覺並不需要ipRGCs，盲人經常也表現出正常的晝夜節律，因爲他們的ipRGCs能正常運作，只是缺乏必要的桿細胞和椎細胞，所以才看不見。

ipRGCs活化後會將光線資訊傳遞至SCN，告訴中央時鐘，一天已經開始了，時鐘重置後開始計算24小時。對生理時鐘「同步」良好的人而言，也就是每天同一時間睡覺、起床的大多數人，即使某天早上鬧鐘沒有在同一時間響起，窗簾沒有打開，我們還是會在差不多的時間睜開眼，感覺飢餓，然後起床，煮咖啡、做早餐、上個廁所再去上班，接續一天的生活。

我們用同步化這個科學名詞來描述時鐘和特定節律協調的過程，爲了讓時鐘得到更好的同步，我們必須使用校時器。主要的校時器是光線，不過任何光線都可以重置時鐘嗎？答案是否定的，並非所有的光線都一樣，照射的光線中，有三項因素對光同步，或是制定節律相位至關重要：

1. 照光的時間
2. 光線的強度
3. 光的波長或顏色

科學詞彙

晝夜節律（Circadian rhythm）：行為或生理指數24小時的循環。以行為來說，遵循晝夜節律的行為有睡眠，活動、吃飯和排便時間；以生理指數來說，遵循晝夜節律的生理指數有體溫、皮質醇值、血壓、褪黑激素值和睪固酮值。

週期（Period）：晝夜節律一個循環的長度。人類的週期平均是24.2小時，每個人都有些微的差距。

校時器（Zeitgeber）：來自德語，意思是「時間指標」，意即將週期重置為特定時間的外在因素。光線是最強大的校時器；其他校時器包括體溫和食物。

相位（Phase）：週期和真實時間的關係，或是週期和其他變化參數的關係。

相移（Phase shift）：相位依不同的校時器進行調整，通常是受光線影響。跨越時區的飛行會導致相移，此時人們會將相位調整到當地的時區，這種情況就是時差。夜間工作者會相移到正常的光暗循環。

同步化：相位與校時器同步的過程，這個校時器通常是光線。人遇到時差時，會同步化至新的相位，直到同步化完成，身體的相位才能符合當地的相位。同步到不同相位所需的時間主要視光線刺激的強度和時間而定。

振幅：晝夜節律的強度。每天可以不用鬧鐘就同一時間睡覺、起床的人，振幅較高。

內在光敏性視網膜神經節細胞（ipRGCs）：眼睛後方的特化細胞，照射到光會活化，將光的資訊傳遞到SCN。

視交叉上核（SCN）：哺乳動物的前腦中下視丘的一部分。SCN從ipRGCs接收光訊息，從而活化細胞，並將時間資訊傳遞到身體的其他部分，因此也稱為中央時鐘。

光的強度及光照時間

爲了測試不同光照強度對晝夜節律的影響，查爾斯・克斯勒（Charles Czeisler）和他在哈佛醫學院的同事讓受試者在不同時間接受不同強度的光照，想藉此改變節律。研究結果證明，受試者若是在夜晚開始時照射到亮光，他們的節律會後移一個相位，但如果在清晨照光者則會產生相反的效果：前移一個相位。無論是在夜晚開始或結束時，如果連續三天照射強光，相位會產生巨大遷移，最高可達12小時，可見光線的巨大影響，這就好像讓人完全轉移到地球另一側的時區生活——僅僅是透過光照就能做到。如果是平時就黑暗的環境裡，即使只照射一次光，也會產生相移。夜晚的光照會使相位延遲，最高至3.5小時，早晨的光照則會提早相位，最高2小時。

這一點爲什麼重要？這份資料讓我們知道當我們的身體（或寶寶的身體）在理應睡覺時照射到光線，會大大危害我們的晝夜節律。

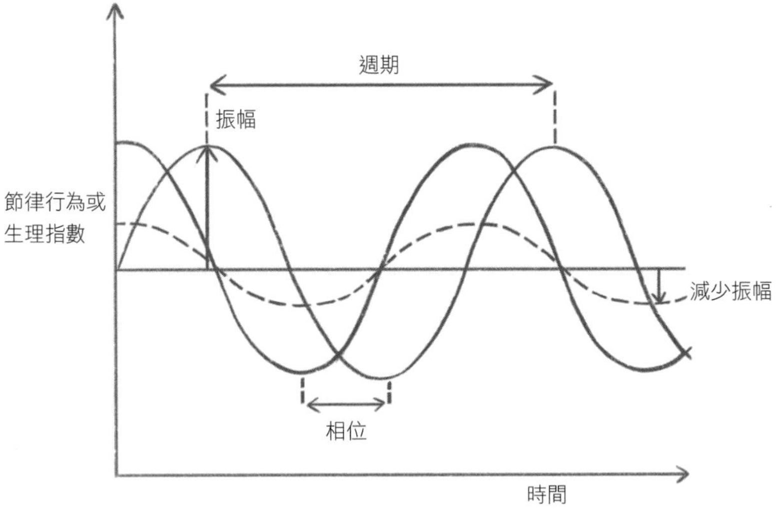

晝夜節律基礎

睡眠／清醒週期及其他行為和生理指數在白天或黑夜都會變化振盪。特定指數峰值的間隔稱為週期，通常為24小時。振盪強度（高峰與低谷的差距）稱為振幅，而內在與外在時鐘的關係，稱為相位。在異常時間接受光照，如跨時區旅行會導致生理時鐘產生相移。每天做一樣的事會增加節律的振幅，但混亂的作息，像是時差或輪班工作或是混亂寶寶睡覺、清醒及午睡時間，會使時鐘功能減弱，減少振幅。

光的顏色

現在我們來談談健康節律的第三個重要因素：光的顏色。光由不同的波長組成，每個波長對應不同的顏色，這也是稜鏡會映照出七彩，雨後放晴會出現彩虹的原因。但多數人不知道一天當中日光的光譜組成存在變化，如下頁的圖所示。早晨陽光中的藍光比例較高，夜晚藍光比例就會降低，而紅光量逐漸升高，累積到日落時，幾乎已經沒有藍光，整個世界沐浴在粉紅色、橙色和紅色調中。現在我們知道，實際上是是富含藍色的日光對晝夜節律和睡眠產生了大部分影響。當研究者在相移實驗中使用特定波長取代合成的白光時，他們發現藍光是引起相移最有效的方法，實際上，藍光和等量的白光都足以引起相移，但換成綠光，即使是偏向藍光的綠光，就沒那麼有效。研究者表明，波長越長，對睡眠的影響越小：晚上照射兩小時的亮橙光對睡眠的干擾，比兩小時的暗藍光小得多。

確實，**ipRGCs** 中的光色素可以感應光線並活化 SCN，從而重新設置時鐘，光色素對藍光非常敏感，傍晚自然的陽光紅光較多，藍光較少，重置時鐘的效率較低。光線如何促成重置效應呢？研究顯示，SCN神經元放電直接影響調節睡眠的重要荷爾蒙：褪黑激素。如下頁的「藍光會喚醒寶寶，紅光會鼓勵睡眠」所示，褪黑激素只在沒光照下才能上升，在太陽下山後的傍晚自然上升。

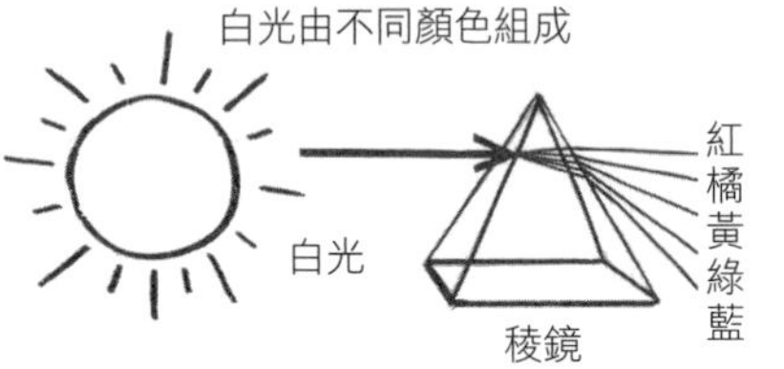

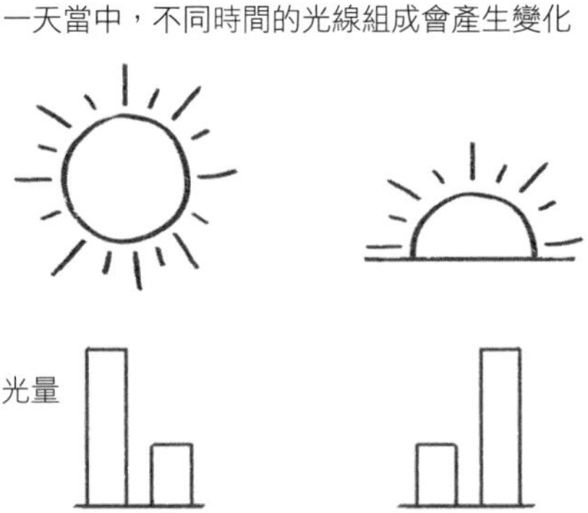

白光由不同的顏色組成

讓日光照射稜鏡，可看出光譜是由不同的波長組成，每個波長對應不同顏色，陽光中藍光的比例較高，到了夜晚則轉成紅光占較高比例。

如白熾燈泡、LED、電視、平板電腦和手機螢幕的人工光源都會發出不同程度的藍光，讓生理時鐘以爲是白天，而延遲啓動睡眠時間，並降低整晚的睡眠品質。近年來科學界和大眾越來越注意夜晚光照的影響，特別是螢幕的光線，許多科學研究

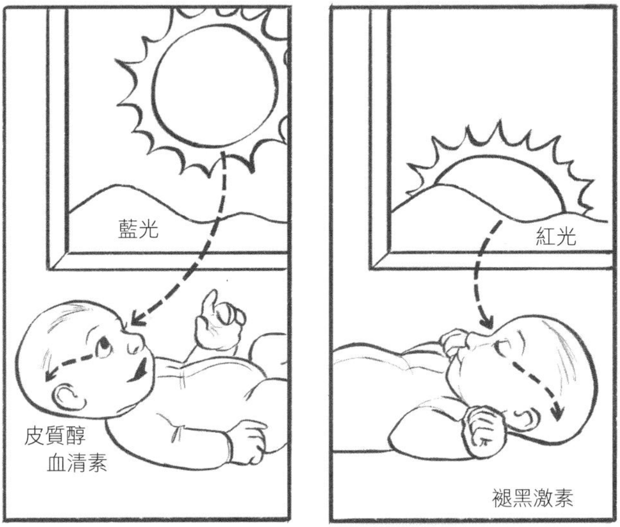

我醒了！　　該睡覺了。

藍光會喚醒寶寶，紅光會鼓勵睡眠

藍光比例高的日光會讓寶寶無法入睡，因為會提升皮質醇和血清素等荷爾蒙，抑制褪黑激素；到了夜晚，光線中的藍光減少、紅光增加，褪黑激素提升，寶寶才能睡得著，因此清晨應避免照射陽光。

顯示飽含藍光的螢幕光源無疑會嚴重抑制褪黑激素，並延遲睡眠時間。事實上，在二〇一五年，科學家爲了檢測螢幕對兒童的影響，集結了67個研究的統合分析得出一項結論，有九成的研究發現晚上看螢幕的時間與睡眠不佳之間存在關聯。

此外，年幼的兒童對影響睡眠的光線格外敏感。科羅拉多大學波德分校的莫尼卡·樂布喬亞（Monique LeBourgeois）及她同事將學齡兒童放在一張「光桌」上，讓他們晚間在桌上玩一小時，或在透明膠片上著色，或是玩磁性積木，增加他們光照的程度，研究結果令人震驚：兒童的褪黑激素値——夜間通常會上升，好讓兒童入睡——因爲強光照射而消失，即使關燈後仍然很低。比起過去對成人的研究，光線對兒童的影響更強烈，許多作者因此假設幼兒在夜晚照光會有失眠的風險，這種敏感性的原因來自兒童眼睛的晶體，外界的光線照射到他們的眼睛，傳到眼睛後會比成年人更清晰，隨著年齡增長，晶體會越來越渾濁。

儘管目前還沒有任何科學研究表示干擾嬰兒睡眠的是藍光，而非紅光，但我相信有足夠的證據可以證明是這種情況。更重要的是，我已經在自己孩子身上及指導的許多家庭進行了大量的測試，結果很明顯：消除夜間的常用光線有助於嬰兒入睡。這些發現對寶寶熟睡法至關重要，且從中能找出一個簡單有效的規則：夜間不要用藍光，也不要用白光。

二〇一五年，科學家為了檢測螢幕對兒童的影響，統合分析了67個研究得出一項結論，有九成的研究發現晚上看螢幕的時間與睡眠不佳息息相關。

我們為什麼低估了光線的力量

我家的浴室沒有窗戶，但在浴室鏡子上裝了很亮的三百瓦白光燈，這種浴室燈光很常見，提供足夠的照明從事浴室內的日常活動：刷牙、洗臉、刮鬍子、化妝或是拔眉毛。然而我每次在客廳藉著明亮的自然日光照鏡子時，都很驚訝地發現漏拔了好幾根細眉毛，而且還看到臉上很多「細節」，在明亮的日光下，我的臉上粉刺更多、皺紋更多、更加坑坑巴巴，也更有個人特色。你是否曾在明亮的日光下照鏡子？真的很令人意外。爲什麼？這個答案與光線對晝夜節律和睡眠有驚人影響，卻不爲人知的原因有關：因爲我們沒有真正意識到這一點。

我們的知覺愚鈍地扭曲了光的強度，這種扭曲有助於我們自然移動於照明程度相差甚遠的環境之間。

我曾經做過一次調查，我問同事：辦公室的燈或是陰天的戶外，哪個比較亮？客廳比較亮，或是清晨的陽光比較亮？結果非常令人震驚。大多數人對不同光線強度的感知都很相似；從最微弱到最明亮的光線，從月光到耀眼的日光，根據環境光線條件，我們最多只能感知到五倍的差異。這些照明環境之間的真正區別其實相差很多倍：你的客廳其實比月光亮十倍，辦公室燈光比客廳亮十倍，陰天比辦公室亮五倍，而大晴天又比陰天明亮六倍，換算起來，你的客廳和大晴天的亮度相差三百倍，而不是我同事所想的五倍。我們只是不覺得強烈的日光比辦公室燈光亮多少，我們在相對較暗的環境中也能看得很清楚。

韋澤奇（Wyszecki）和史岱爾斯（Stiles）在《色彩科學》中描述研究人員何以能肯定我們低估了光強度的差異。研究中讓人們在不同光強度的環境下，觀看不同光強度的光塊，他們得出的結論是，原本差了千倍的亮光，例如從月光到日光，我們的感覺只增加了十倍，而差異越小，像是浴室或廚房燈光與陰天的差異只有十倍，在我們看來完全沒差別。

我們無法感受到不同光源環境中光線強度的變化差異。

這種不尋常的過程稱爲適應，這是一種福氣，讓我們可以在亮度截然不同的環境中自然來去。在這個電燈無處不在的時代，這也是一個詛咒，因爲我們無法感知每天看到的光強度變化的幅度，因此，我們直覺上會否認是光讓我們無法入睡。然而，我們的晝夜節律系統——我們的 ipRGCs 和 SCN，確實可以感知到光線，並且這機制已經發展了數百萬年，身體只會以一種方式對其做出反應：這是白天的訊號，我們應該清醒了。此外，晝夜節律系統對光極爲敏感，例如只有少量藍光的微弱燭光就足以產生同步化，而像客廳一般照明的光線就足以導致時差般的相移。這一切對寶寶來說意味著什麼？很簡單！希望寶寶睡覺時，我們必須排除所有藍光。

但要是我們什麼燈都不能開，要怎麼餵奶、換尿布、安撫寶寶呢？有個簡單的辦法：用紅光燈，這不會影響ipRGCs、SCN、褪黑激素值或是睡眠。睡眠時間和夜間醒來時，用紅光燈泡替換一般燈泡。（見第267頁「寶寶好物」）

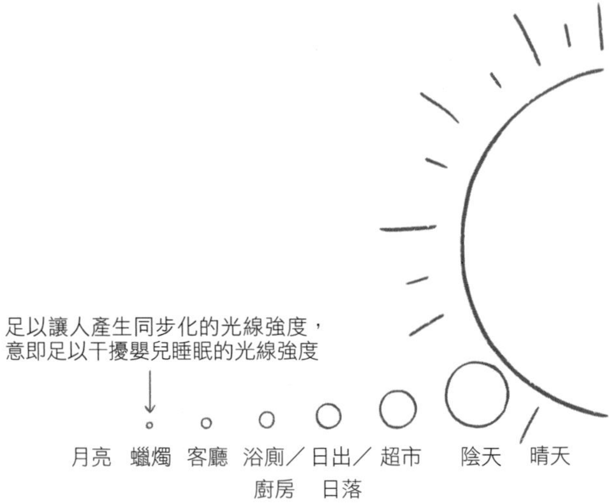

光線比我們想像得更強烈

上圖顯示不同光源間光線相對的強度。我們的視覺對不同光線環境的適應力強，所以能在明亮或較暗的環境中自由移動，因為這樣讓我們認為陽光比客廳燈光亮十倍，但事實上超過千倍，因而低估光線對晝夜系統的影響，殊不知微弱的燭光就足以改變睡眠／清醒週期。我們的眼睛和大腦對光線就是這麼敏感。如果你不希望清晨的陽光重置寶寶的時鐘，就讓臥室保持漆黑。

寶寶成功睡眠的故事：光線

我的同事艾倫有個三歲大的兒子狄倫，他每天早上5點就會起床。她說這其實已經比以前好多了，過去他4點就醒了。我的第一個問題是：你有遮光窗簾嗎？她說沒有，她只有淺色窗簾。她沒想過兒子臥室裡早晨的光線會是兒子早起的導因，但我說服她試試遮光窗簾，並告訴她這個建議是有科學根據的。換過窗簾之後，她兒子可以睡得更久一些，也讓他們夫妻倆補充了所需的睡眠。

另一個非常常見的寶寶睡眠問題即太早醒來。正如夜間必須避免藍光和白光，如果你希望寶寶能一覺到天亮，就得忘記清晨透過陰影傳來的「微弱」光線不會影響睡眠的想法。「微弱」光線可能比你的客廳光線明亮四十到百倍，比一日之初可重置節律時鐘的破曉黎明明亮百倍到千倍，你希望那樣嗎？如果你也想要像我一樣睡到早上8點，就找一些好的遮陽窗簾，不一定要很貴的材料：推薦列表請見第267頁的「寶寶好物」。

睡覺時，使用紅光燈當作夜燈不只寶寶、全家人都能好眠。

食物是時間的線索

光線是最強而有力的校時器，但還有另一種校時器也會影響時鐘；事實上，我們有規律做的每一件事都可以被視爲校時器。如果每天在特定的時間吃東西，那麼進食時間就是校時器，身體到了那些時間就會渴望食物。只要觀察你家的貓狗怎麼等待餐點就知道：牠們的身體知道餵食的時間！只要午餐時間靠近，牠們就會因此感到飢餓，此外還有一些生理機制也會讓我們想要進食。

印第安納大學心理學與腦科學系的研究者在一九九五年曾進行一項研究，老鼠一般是夜行性動物，正常狀態下中午會處於睡眠狀態，如果選擇中午餵食，牠們會開始產生所謂的預期行爲——牠們期望得到食物，所以從沉睡中醒來，開始興奮地走來走去。人們也是如此，如果在新的時間得到食物，也會改變他們的代謝節律。英國研究者在二〇一七年發現若將用餐時間往後移五個小時，新陳代謝的時間也會往後移。

有趣的是，除非在長久黑暗的環境中進行實驗，行為和睡眠，以及SCN神經元的分子節律都會和光相同步，不會延後到與用餐時間一致；這與消化功能有關的肝臟節律相反，它會開始在不同的時區中運作，導致大腦中央時鐘和消化系統的周邊時鐘不同步。若明／暗週期不變，在不同時段進食會導致代謝相移，但睡眠行為不會變。

如果在沒有光線的環境下，情況就大不相同。如果在持續黑暗的環境中，改變餵養老鼠的方式，牠們整個節律都會改變，包括睡眠／清醒循環。這一點顯示食物的確是影響晝夜節律各個面向的校時器，但只有在全能的光線不存在時才可以，光線還是最強而有力的校時器。

如果你的飲食節律同步良好，會發生什麼情況呢？吃飯時間一到，胃部會產生胃酸，膽囊會分泌膽汁，肝臟會加速產生消化酶，而腎臟也會做好排泄鹽分的準備，身體裡的所有系統都會蓄勢待發，好好地消化你的餐點。如果進食節律同步良好，一餐沒吃就會覺得非常不舒服，而在其他時間吃東西也可能影響專注力或睡眠，或是導致消化障礙，例如脹氣。

因此餵奶的時間表對寶寶很有幫助，寶寶不會感到不滿足而不斷哭鬧或要求吃零食，而是會感到滿足，並且只在進食時間感到飢餓。我曾告訴我輔導過的爸媽，在規律的時間餵奶，而不是寶寶哭鬧時才餵奶，如此一來，寶寶白天煩躁的時間減少了，夜間的睡眠也改善了。

> 我曾告訴接受我輔導的爸媽，在規律的時間餵奶，而不是寶寶哭鬧時才餵奶，如此一來，寶寶白天煩躁的時間減少了，夜間的睡眠也改善了。

第3章 成人及嬰兒的睡眠

我們睡覺時，決定睡眠時間長度的因素爲何？

這問題乍看之下有點愚蠢，畢竟，我們累的時候就會睡覺。但疲勞如何調節呢？科學家相信我們的睡眠時間由兩個因素決定：其一是生理時鐘，其二是「睡眠恆定機制」，它可以測量身體的「睡眠壓力」，或是說我們在某個時間有多需要睡眠。在閱讀前文之後，我們知道光暗循環會影響荷爾蒙及神經傳導，從而支配睡眠與清醒的節律，皮質醇讓我們在白天能保持清醒，而褪黑激素讓我們在夜晚感到疲倦。

> 皮質醇讓我們在白天能保持清醒，而褪黑激素讓我們在夜晚感到疲倦。

這是睡眠時間的晝夜節律。然而，睡眠壓力是可以獨立測量的身體指數，也會影響睡眠時間，任何曾經睡眠不足的人，或是夜間睡眠受到干擾的人都知道睡眠壓力的威力。記得大學時那些爲了隔天考試而熬夜苦讀的夜晚嗎？在考試結束後，你很可能馬上累癱睡著。才剛過午餐時間，但因爲從前一晚開始就耗盡力氣，極需補眠，顯然皮質醇、血清素和褪黑激素的晝夜節律都想告訴你，現在還不是上床睡覺的時候，但你的身體卻說「快睡吧！」你睡著了，如果聽取身體的建議，好好補足身體缺失的睡眠，睡醒後疲勞感就會大有改善。我們要怎麼解釋這種現象？

研究者曾提出一種模式，我們的身體會時時刻刻不斷測量睡眠需求，或稱睡眠壓力。一般來說，睡眠壓力在夜晚達到最高峰，符合我們的晝夜節律，然而睡眠剝奪卻無法讓身體透過睡眠，將睡眠壓力降到零，所以隔天才會無視晝夜節律也覺得睏倦，因爲我們已經累積了睡眠債。白天時睡覺，稱爲反應性睡眠；我們因應睡眠不佳及高睡眠壓力狀態而做出反應，我們的身體努力想消除睡眠壓力和睡眠債，即使是在不適當的時間。

反應性睡眠被認爲是睡眠的特點。所有動物經歷睡眠剝奪後，都會產生反應性睡眠，即便是我研究的果蠅也一樣。如果晚上不讓牠們睡覺，隔天早上也會補眠。你或許好奇，我怎麼干擾果蠅睡覺？我們有一種特製的搖晃裝置，每隔幾秒就會晃一晃果蠅，把牠們吵醒，這些累壞的果蠅隔天早上都會很快睡著，即使那時是牠們的活動週期。

要輕鬆入睡，我們需要確保自己的晝夜節律時間和睡眠壓力一致。如果想實現這個目標，就要在累了的時候上床睡覺，早晨睡飽了就起床，但不能飽到隔天晚上同一時間還不感覺累。我們每天都有總睡眠需求，必須達到最佳睡眠量才能滿足，滿足了才不致於造成睡眠剝奪。對成人來說，睡眠需求因人而異，但大約是5到10小時，通常是晚上一次睡眠即可滿足。個人睡眠需求的平均值爲每24小時睡7.5小時。

要輕鬆入睡，我們需要確保自己的晝夜節律時間和睡眠壓力一致。

寶寶每24小時的總睡眠需求高出許多，且需求隨著他們成長而有變化。我曾讀過一篇後設研究，研究者收集上萬筆嬰兒及兒童的睡眠資料，想釐清特定年齡的兒童睡眠需求，其研究結果請參考第62頁的圖表。嬰兒剛出生時，一天大多數時間都在睡覺，等他們漸漸長大，在24小時週期裡，寶寶清醒的時間會越來越長，睡眠越來越短。年齡較小的寶寶睡醒後再次感到疲累的速度比較快，他的睡眠壓力要比年齡較大的嬰兒或成人上升更快；隨著成長，睡眠壓力累積的速度減緩：睡醒後清醒的時間更長，小睡間距的時間也會拉長。了解嬰兒的24小時睡眠需求的日夜分配方式很重要，包括白天的小睡和夜間的睡眠。如果你的寶寶白天小睡時就滿足了大部分的24小時睡眠需求，晚上就會睡得比較少。

小睡

父母和嬰兒睡眠專家經常使用一個詞彙：覺生覺（sleep begets sleep）。適當的小睡被視爲睡眠訓練的終極追求。這種說法準確嗎？

東京大學的研究者曾測試一項舊時的觀念：嬰兒需要小睡，晚上才能睡得好。他們追蹤50個年齡大約一歲半的幼兒，記錄他們的清醒及睡眠週期，結果發現一些非常有趣的事。白天睡得比較少的寶寶會比較早上床睡覺，晚上也會睡得比較久；相對之下，白天小睡比較久的寶寶，特別是下午還有小睡的寶寶晚上很難入睡，半夜醒來的頻率也較高。

寶寶成功睡眠故事：小睡

克勞蒂亞和艾歷克斯這對父母請我幫助他們的兩歲兒子黎恩，黎恩是老三，所以克勞蒂亞以為她知道關於寶寶睡眠的一切細節，但黎恩晚上一直吵著吃奶，這讓她很意外。黎恩晚上7點上床睡覺，每個晚上都會醒來好幾次，有時候每小時醒一次，他白天去托兒所，下午會睡3個小時。

根據研究（見第60頁），兩歲幼兒一天睡12小時。我們剛剛了解每天睡眠有個總需求量，如果我們白天時可以滿足一部分需求，晚上就會減少睡眠。在這個案例中，可以看到這項科學事實：黎恩在白天睡了12個小時之中的3個小時，夜間睡眠便只剩9個小時，目前黎恩晚上7點上床睡覺，早上6點起床，11個小時中包含2個小時的夜間清醒時間，完全符合我們的睡眠算式。

那我們該怎麼做？我們必須減少小睡時間，將上床時間往後延。如果我們希望寶寶夜間睡11個小時，且在早上7點醒來，那麼最好讓黎恩晚上8點上床，並減少日間小睡時間到建議的1個小時，可參考第62頁的寶寶睡眠表。

這些結果終結了普遍、但在科學上不正確的觀念，即嬰兒需要小睡才能在晚上睡得好。寶寶需要小睡是因爲一個完全不同的理由：他們清醒後，睡眠壓力會迅速增加，因而需要頻繁的睡眠。當然，我們需要小睡，但日本的研究顯示一項讓人不想面對的眞相：延長小睡的時間與夜間睡眠時間縮短有直接關係，因此如果我們希望寶寶能一夜好眠，就必須觀察且溫和地限制午睡。

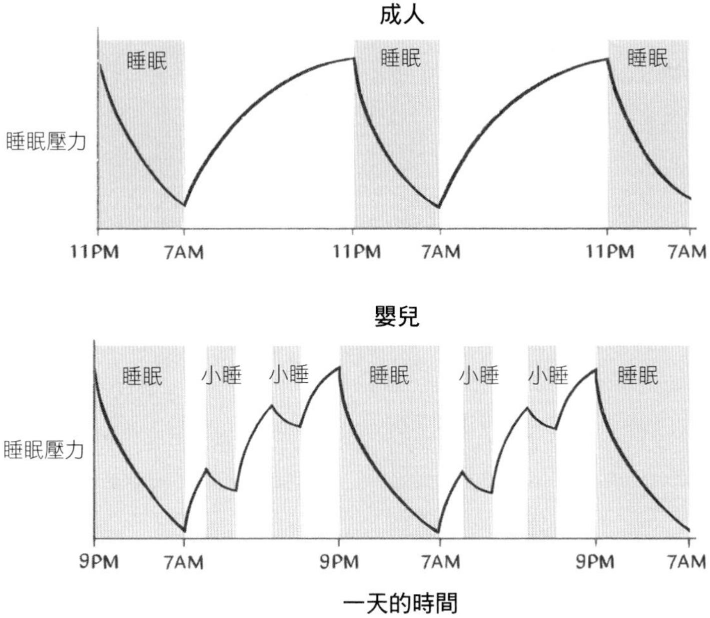

睡眠壓力讓我們想睡覺

無論是成年人或嬰兒，白天的清醒會導致睡眠壓力上升，直到我們累得需要睡覺為止。嬰兒和成年人唯一的差別在於寶寶對睡眠壓力較敏感，所以他們需要小睡，而且他們的整體睡眠需求較高，每24小時需要的睡眠時間較長。小睡太久會大幅減少夜間的睡眠壓力，等到了上床時間，嬰兒不夠疲倦，無法輕鬆入睡，也難以整夜安眠。你需要監控且限制小睡時間，才能讓寶寶夜晚好眠。

寶寶需要多少睡眠？

現在我們了解小睡太久不利於夜間的睡眠，那麼對寶寶來說，需要多少睡眠才能保持健康呢？這是父母最困惑的事，但還好科學對此有明確的答案。

每個寶寶的睡眠需求有些差異，但整體而言，他們的睡眠模式及模式的發展都很相似。新生兒總是在睡覺，而兩歲的幼兒每天只需要12小時的睡眠。了解睡眠時間隨著年齡增長而大量減少的現象，以及特定年齡的孩子在白天和晚上需要的睡眠時間，是非常重要的事，因爲這能幫助你調整他們的作息，以得到最好的夜間睡眠。

幸運的是，我不必動手記錄上萬名寶寶的睡眠模式，就能知道寶寶的睡眠時間，其他研究者已經這麼做了。事實上，嬰兒睡眠一直是個重要且容易理解的研究課題，已經有許多描述其他研究成果的綜合分析了。芭芭拉·葛蘭（Barbara Galland）及其紐西蘭的同事在二〇一一年便做過這類分析，他們搜集了34個偵測睡眠模式的研究，監測對象涵蓋從嬰兒到12歲各種年齡層的兒童，總計納入18個國家將近7萬名兒童。研究者利用這個龐大的資料庫，找出全球兒童睡眠模式，羅列特定年齡孩子的平均睡眠時間，這項資料顯示出孩子白天和晚上總睡眠時數，晚上醒來幾次，以及小睡了多少次，小睡的時間等。雖然從資料中可看出不同孩子及不同國家存在差異，但在睡眠發展中仍能找出全球趨勢，即使每日睡眠量有差異，但所有年幼的兒童都比年長的兒童睡更久。

即使每日睡眠量有差異，但所有年幼的兒童都比年長的兒童睡更久。

我們可以利用寶寶睡眠表的資料，找出寶寶在特定年齡的睡眠需求：他的睡眠模式符合常態嗎？如果是，那很好，但要是他夜間的睡眠很差，白天睡覺的時間也比同齡人長，我們便知道可以縮短他的小睡時間，至少可以縮到和平均值相同，因為上萬名他這個年齡的幼兒小睡時間都比較短。縮短午睡時間可以輕易且有效地幫助夜間睡眠，此外，能夠了解寶寶縮短後的午睡時間是否符合常態，也是很有用的訊息。

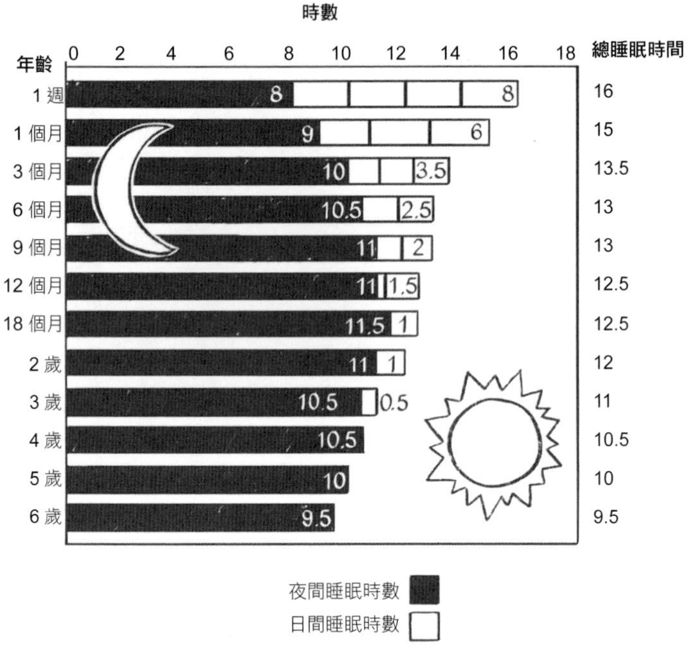

寶寶睡眠表：嬰兒及幼兒日夜典型睡眠時間

這張表非常清楚顯示兒童在夜間（暗色）及白天（白色）的典型睡眠時間。日間睡眠中垂直的暗柱代表典型的小睡時間。如果想使用這張表，請在左方找出你孩子的年齡，然後將他的總睡眠時間與右方的數字相比較，如果數字相似，請看白柱找出日間午睡的最大值，然後依此調整寶寶的小睡時間；如果你的寶寶整體睡眠時間較短，請看下一個較大的年齡層（你的寶寶進展較快，需要的睡眠比平均值低。3歲左右的幼兒經常會抗拒午睡，但他們的午睡也不該超過1小時。如果你的孩子不想小睡也沒關係），這最終還是對夜間睡眠有利。

第4章 故障和不成熟的時鐘

生理時鐘爲什麼這麼重要？如果時鐘沒有同步好會發生什麼事？寶寶也有生理時鐘嗎？我們要怎麼做才能讓它好好同步呢？以下將說明晝夜節律在現實世界中的意義及其應用。

晝夜節律混亂

如果白天想要神清氣爽，讓活動有最佳表現，包括消化、運動，甚至是專注力，就必須讓生理時鐘和睡眠壓力同步。然而多數人都沒有理想的睡眠習慣，如此很可能讓生理時鐘和睡眠壓力失調，上床時間、清醒時間和睡眠長度的變化，會讓我們的晝夜節律睡眠時間和睡眠壓力之間產生了衝突。若想幫助嬰兒及幼兒建立良好的睡眠習慣，了解這一點是關鍵，所以讓我再詳細解釋一下。

舉例來說，或許你的睡覺時間已經到了，你的生理時鐘也告訴你該睡覺了，但你正專心地閱讀手上的書，捨不得放下，所以你又讀了1個小時。早上鬧鐘一響，你還是起床了，但此時你缺乏了1個小時的睡眠，那天晚上你比平常更疲倦，也比平常早1個小時睡覺。你得到了額外的睡眠，隔天覺得狀態好極了，剛好星期五也到了，所以你熬得特別晚，反正隔天可以補眠。

這種模式在你聽來並不少見，許多成年人都是這樣，睡覺時間、起床時間及睡眠長度都不固定。問題是，它讓我們的內在時間和睡眠行爲一直產生衝突，結果很明顯：我們白天經常感到疲倦，我們的身體對正在發生的事感到困惑。現在是晚上了嗎？早餐時間嗎？晚餐時間嗎？到睡覺時間了嗎？

研究也的確證明不規律的就寢時間和不良睡眠密切相關。對160名台灣大學生的醒睡週期進行爲期兩週的監測後發現，定時入睡和醒來的學生所回報的睡眠品質較好，但過著「學生生活」的學生（就像筆者上大學時過的那種生活），一個禮拜內上床睡覺和起床時間都不固定的人比較難入睡，也比較難睡得久。

另一個醒睡時間混亂的情況是「社交時差」，週末會比週間更晚就寢，而且還會賴床。有許多人讓自己過著社交時差的生活，打亂了他們的節律，並使睡眠、情緒、新陳代謝和消化功能失調，這些都是你的生理時鐘想努力調整到最佳狀態的事。工作日不僅就寢時間較早，夜間的睡眠時間也會縮短，因而產生持續的睡眠剝奪。

有許多人讓自己過著社交時差的生活，打亂了他們的節律，並使睡眠、情緒、新陳代謝和消化功能都失調。

堅持固定的就寢和起床時間，而且不只週間，週末也要！好讓自己和生理時鐘同步，可以使消化、睡眠或情緒等所有身體功能運作更加順暢。讓作息符合生理時鐘，也就是讓時鐘參與你將要做的事，讓你的身體做好準備。

經常需要跨時區飛行的人因爲頻繁產生的時差，很難保持規律的晝夜節律。如果坐上從紐約到巴黎的紅眼班機，你會錯失一個晚上的睡眠，但那不是最大的問題。因爲你的抵達時間比紐約快6個小時，白天的陽光告訴你的時鐘，現在不是晚上，而是新一天的早上。你無法在一個晚上就同步到新的時區，必須花上幾天，視新的時區不同及光照度而異。同步化需要幾天時間，包括光線和用餐時間等外在校時器都可以調整你的時鐘。

讓作息符合生理時鐘，也就是讓時鐘參與你將要做的事，讓你的身體做好準備。

分析12小時光照變化和睡眠時間的實驗表明，內源性的生理節律需要3天時間才能適應新的時區。在完全轉移至巴黎時區的這段時間，你會感覺到生理時鐘紊亂，你的身體還過著紐約時間，外在環境卻是巴黎時間，你早上會覺得疲倦，半夜又會醒來，而且不定時的會感到飢餓。

多數人遇到時差都不好受，因爲這種轉變沒有秩序，你無法馬上將相位遷移到新的時區。研究顯示，相移會經歷振幅衰減的階段，意思是你的節律在完成調整前作用較弱，我們的身體感到困惑，無法準備進餐時間，消化食物也有困難，這就是爲什麼許多人在時差時會有腸胃道症狀。我們因爲缺乏睡眠而感到疲倦，但在適當的時間又不累了，我們的身體在巴黎的夜晚無法產生誘發睡眠的褪黑激素，因爲在紐約還是白天。

這種情況還有很多。經常經歷時差的人容易出現一系列健康問題，包括可能與晝夜節律紊亂有關的肥胖和情緒失調。輪班工人面臨與飛行常客相似的挑戰，研究表明輪班工人更容易罹患睡眠障礙、肥胖、心臟病、糖尿病和憂鬱症。

研究證明罹患某些睡眠障礙的人，包括睡眠相位後移症候群，在特定時鐘基因上發生突變，這些突變影響了SCN活化，導致身體時間與現實時間無法同步。結果呢？難以入睡，改變的節律讓人難以維持正常的生活，早上起床上班對這些人來說是煎熬，因爲他們的睡眠永遠無法滿足需求，他們一直處在睡眠不足的情況中，這對他們的生理及心理健康都產生許多負面影響。我們的實驗室在二〇一七年發現全世界約有百分之一的人時鐘基因中有一種叫隱色素（cryptochrome）的突變，它的功能類似於30年前首次在果蠅中發現的功能。我們的實驗室在夜晚難以入睡、難以早起的人中找到了這些病患，這些人都患有延遲性入睡障礙。

時鐘的價值

我詳細說明晝夜節律及晝夜節律障礙的理由，是爲了說明同步化的價值，以及時鐘讓我們更健康、更快樂的美好功能。無論是自願或因爲工作而打亂生理時鐘，都是讓時鐘無法像上了油的機器般，難以讓身體順利運轉。只有符合兩種情況才能同步化：每一天校時器都要在固定的時間出現，校時器必須連續幾天出現，直到調整至特定節律，也就是完成相移。

我們的實驗室有不同的果蠅孵化器，裡面各有不同的光線設定：一間是早上10點到晚上10點開燈，另一間相反，還有一間是晚上4點天亮，早上4點天黑。我們根據時區命名這些孵化器，像是「紐約」「雪梨」「杜拜」等。如果把「紐約」的果蠅搬到「雪梨」會怎麼樣？不同以往的燈光會重置牠們的時鐘，讓牠們感受到時差，但三天後，牠們的節律就完全轉移到雪梨時間。人類也是一樣的：同步化到12小時的光相移大約需要三天時間。

每天的作息越一致，校時器出現的頻率越高，節律就越強。

相反地，每天的作息越一致，校時器出現的頻率越高，節律就越強。黑暗夜間的光脈衝已被證明會削弱人的節律，進而逐漸改變就寢和起床的時間，科學上稱這種節律強度爲振幅。振幅影響某些晝夜節律的行爲或過程，例如睡眠或褪黑激素值，也會影響生理參數在一天不同時間的差異。一個帶有強大節律的人總是在早上1點睡，早上10點之前絕對會醒來，而節律變化較大的人可能某天早上1點睡著，其他日子卻不一定如此，早上10點時可能醒來，也可能還睡著。比起第二種人，第一種人的節律振幅較高。

我們希望自己的節律可以有較高的振幅，因爲如此一來節律較不會受到干擾。就算忘了設定鬧鐘，我們還是會醒過來；即使身處吵鬧街道上陌生的飯店房間，一到夜晚我們還是會覺得疲倦而入眠。在實驗室也有相同的結果，即使我們將果蠅移到永夜的特殊孵化器，他們還是會在完全相同的時間醒來，完全相同的時間入睡，就算是在黑暗中也一樣。他們的生理時鐘會持續以高振幅運作，不管外在時間線索是否存在都一樣。

這就是寶寶睡眠的終極目標。有高振幅的寶寶每天都會在晚上9點上床睡覺，早上8點醒來，就算送到奶奶家，奶奶第一次哄寶寶睡覺，換了張嬰兒床，窗簾沒辦法遮蔽早晨的陽光，不管他是到動物園開心地玩了一天，或是在家裡無聊地呆了一天，他都能睡著，他的生理時鐘會保證他睡著。

跟成年人一樣，符合睡眠壓力和晝夜時間的作息對寶寶睡眠至關重要，如果你的寶寶晚上6點就累了，即使這不是他的休息時間，你還是讓他小睡了一段很長的時間，等到了就寢時間，他就會睡不著，因爲他的睡眠壓力太低了。他還是會累，因爲他的節律告訴他是時候睡覺了，但睡眠壓力和他內在節律間的差異讓他難以入眠。你可能非常了解寶寶累了卻睡不著會是什麼情況……他會不停地哭，你必須抱著他走來走去，或是用其他方式安撫他，直到他可以睡著。保持一致性和重複性能讓睡眠壓力和晝夜節律保持一致，這也是寶寶熟睡法的關鍵。

我們在過程上越能保持一致，每天保持不變的行為越多，生理時鐘就越能為我們投入的事物做好準備。

我們所做的一切都可能加強或干擾生理時鐘，在過程上越能保持一致，每天保持不變的行爲越多，生理時鐘就越能爲我們投入的事物做好準備。換句話說，時鐘爲了耗費最小的能量、發揮最佳的功能，要盡其所能地建立並保持生理過程與時間相符。我們越是沒有和時間同步，例如就寢時間不規律、每天不同時間起床、沒吃早餐、一天正午吃中餐，而另一天下午2點才吃中餐、很晚才吃晚餐……這些都會讓生理時鐘更難爲我們手頭上的任務做好準備，像是睡覺、醒來、消化、保持警覺、疲勞等。對成年人來說，疲弱的時鐘對身心健康不利，可能是難以入眠、感到疲勞，或是悶悶不樂、腸胃問題、食欲高漲，甚至是更嚴重的疾病。還沒有培養出良好節律的寶寶，對混亂的作息更加敏感，可能表現在夜晚難眠及哭鬧不休。

寶寶的時鐘

雖然我們不清楚寶寶在子宮中何時開始發展晝夜節律，但我們知道它是在妊娠第三期形成的。爲了解環境條件，特別是光線這個主要的校時器如何影響嬰兒的睡眠和清醒週期，由耶魯大學史考特．里夫斯基（Scott Rivkees）領導的研究團員讓新生兒加護病房的早產兒暴露於穩定的昏暗光線下，或是白天暴露於預定的光照下，而夜晚則處於黑暗中。

寶寶接受明暗週期的光照時，他們很快就發展出每日活動節律，白天的活動和夜間休息都增加了。這顯示出從出生開始就控制寶寶周圍的燈光非常重要。新生兒的生理時鐘在其他方面還沒有成熟，成人每日的皮質醇節律通常在早晨起床後會達到高峰，提升警覺性，但對胎兒及新生兒來說，皮質醇節律是相反的，最高值出現在午後，也就是寶寶應該放鬆的時候。兩個月內的嬰兒甚至偵測不到褪黑激素節律，這表示新生兒不知道時間；他們的行爲和身體功能還不能有效地運作，他們也無法配合現實時間，或是父母喜好的睡眠時間作息。

寶寶接受明暗週期的光照時，他們很快就發展出每日活動節律，白天的活動和夜間休息都增加了。

換句話說，嬰兒出生時，他們的身體仍處於混亂狀態；我們身爲父母的任務是幫助他們組織身體，讓他們的生活更輕鬆。要怎麼做？我們需要同步他們的節律，幫助他們預期接下來會發生的事，寶寶有時候會不開心，他們不明白原因，但藉由光線、睡眠和餵食時間建立一套作息，我們能幫助寶寶學習在特定的時間感覺飢餓或疲倦，而不是一生氣難過，媽媽就會來餵他或哄他睡覺。這不只讓寶寶在小睡或就寢時間更容易入睡，也有助於改善寶寶睡眠的關鍵點——夜醒。經由同步化，寶寶會學習黑暗或紅光代表睡覺，如果晚上醒來，他也會自然地放鬆自己，然後繼續睡覺。關鍵在於堅持。在接下來幾部分，我會提供幾個清楚的步驟，讓你們的寶寶可以創造作息，並堅持下去。本質上，你要注意到寶寶發出的線索，並依此建立作息。作息培養出來後，要堅持下去，在完全一樣的時間做一樣的事，每一天。每天的每件事都要試著發展規律：拉開或闔上窗簾、打開紅光燈（下一篇將解釋）、餵奶、小睡、就寢時間、起床時間、玩樂時間等。對寶寶來說，規律、可預測的事情越多，就能越快了解什麼時候會發生什麼事，規律的作息也會幫助寶寶在飲食、睡眠等方面有更好的表現，因爲他和他的身體會預期出現那些行爲，並做好準備，如果到了新的地方，他也更容易適應。如果發生不一樣的事，舉例來說，如果你旅行到某個地方，必須讓他在不同的嬰兒床睡覺，或是吃不同的食物，或是由不同的人照顧他，寶寶將會更容易適應這些變化，因爲他知道接下來會發生什麼事。

基於你現在對晝夜節律、寶寶睡眠需求和睡眠壓力的了解，還有幾個非常清楚且簡單的步驟可以幫助你的寶寶整夜好眠：

- 光線：晚上不要照射藍光和白光，白天則要照射大量的自然光。
- 作息：餵食和睡眠的重複性和一致性對同步時鐘很重要。
- 小睡：寶寶白天需要小睡，但不要睡得太久，晚上才會累到足以入睡。

接下來，我們將解釋如何實行這些規則，好達到我們的目標——讓寶寶有規律的餵食及小睡作息，而且一整晚都能好好的睡。

睡眠科學 關鍵點

- 晝夜節律和睡眠由腦中的分子時鐘調節。
- 除紅光外，所有光線都會重置時鐘。
- 重複性會增加時鐘的振幅。
- 嬰兒的每日睡眠需求較高，隨著年齡增長而迅速減少。

PART 2

第一步：創造理想的光線和睡眠環境

前文各位已經了解睡眠及晝夜時鐘背後的科學知識，以及如何透過調整光照小睡兩項元素，就可輕鬆影響睡眠時間和睡眠品質。接下來，我們來實踐這些科學原則，挖掘出幫助寶寶睡眠的基本規則。第一步：光線和睡眠環境。

第5章 使用正確的夜間光線

我在實驗室裡用小果蠅找出睡眠和節律行爲的基本原則，希望最終能應用到所有動物，包括人類。上文曾說，我們依時區設置光線，並依此命名不同的孵化器：「巴黎」的燈比「紐約」的燈晚開6小時，「曼谷」則是提前12小時，而「檀香山」則比「紐約」晚5小時。放在特定時區的果蠅迅速地依光相調整牠們的活動和睡眠模式，在三天內，牠們基本上已同步到新的時區，不管是紐約或曼谷。如果把牠們放在完全黑暗的孵化器，監測牠們的活動，用以測試牠們節律的穩固性，這時候，果蠅還是會和上個時區保持同步，並延續到牠們死亡（在良好照顧下，果蠅可存活4個月），即使在缺乏光線的環境下。

因爲光線對果蠅節律的明顯影響，果蠅在「自然」的情況下，必須限制果蠅的光照，也就是讓牠們處在完全的黑暗中。然而，爲了在黑暗的孵化器裡還能對果蠅進行實驗，我們必須要能看到牠們，我們在這一領域的研究提供了一個技巧，讓我們能在黑暗中觀看，又不會打擾果蠅的晝夜節律：紅光燈。我們用紅光燈泡和紅光手電筒來照顧果蠅，餵食新鮮食物，並對其進行定期檢查，牠們體內的分子時鐘看不到紅光，讓我們能像在完全黑暗的環境中研究牠們。

我的女兒莉亞出生時，我想到了其中關聯。我們的生理時鐘對紅光也不敏感，但對藍光非常敏感，藍光是一般白光的成分，包括家裡使用的每個燈泡。我爲育嬰室買了一個紅光燈泡，專門用來夜間餵奶和換尿布。

寶寶成功睡眠的故事：紅光

蘿拉媽媽請我幫助她寶貝兒子羅根的睡眠。羅根足月出生，當時1個月大，體重約5公斤，晚上他都會醒來很多次，蘿拉已經無技可施了。有幾次他可以在晚上連睡4小時，這已經是最長的紀錄。

羅根還太小，不能進行溫和睡眠訓練（將於第13章介紹），此時為寶寶從出生起就建立良好的光照習慣很有用。蘿拉告訴我，她試過遮光窗簾，但沒有持續使用。我告訴她，如果想要同步寶寶的時鐘，讓他能在晚上睡覺，關鍵在於持續。蘿拉開始於就寢時及夜間使用紅光燈泡，並持續使用遮光窗簾，後來她告訴我，羅根晚上還是會醒來想喝奶，但繼續睡覺的速度快多了，而且他似乎可感覺到是時候睡覺了。教導羅根分辨日間及夜間，可以讓他年齡更大一些時，進行睡眠訓練會更有效率。

跟我的果蠅一樣，寶寶幾乎立即適應這種「夜間模式」，而且生理上也有反應（因爲缺乏藍光而分泌高濃度的褪黑激素），她知道晚上應該要睡覺。這部分解釋了寶寶熟睡法最獨特的重點：紅光。

那麼紅光到底有什麼特別？紅光不會抑制褪黑激素，可以幫助寶寶睡眠，不過就這樣嗎？什麼時候要用紅光？答案是夜晚，但這就足以讓你整夜安眠嗎？簡單來說：不是，但也差不多了。適當的照明是家裡最容易改裝的功能，在新生兒出生之前就可以做到。

第6章 日間模式和夜間模式

新生兒每隔2至3小時醒來一次，爲了讓寶寶長胖，無法避免地要頻繁餵奶，如果你正在哺乳，也必須以此促進泌乳。但即使是新生兒，幫助他們分辨何時是白天，何時是夜晚，並讓他們依時間作息也是有幫助的。

我稱這兩種環境爲「日間模式」和「夜間模式」，我們的目標是盡可能擴大這兩種模式的差異，好讓寶寶的時鐘能穩固的同步，讓寶寶能在晚上睡覺，白天醒來，且有定時的小睡時間。

記住：你的寶寶天生就有中央時鐘，只是無法清楚分辨白天黑夜。你的任務就是幫助他分清楚差異，建立一生的健康睡眠習慣，這兩種模式有幾個關鍵點，但到目前爲止，最重要的是光線。

建立夜間模式

在幫助新生兒和幼兒時，許多家長關心的是夜間醒來和能否睡過整夜的事，不過等孩子長到兩、三歲，或者四歲，主要的問題就成了就寢時間和太早醒來。許多家長說，孩子年齡大一點後會太早起床，而且不願繼續睡覺，家裡的每個人都爲親子間不協調的作息而苦，絕大多數人只能接受家人5點起床的常態，但你不必這麼做！

我們的目標是盡可能擴大這兩種模式的差異，好讓寶寶的時鐘能穩固的同步，讓寶寶能在晚上睡覺，白天醒來，且有定時的小睡時間。

我們的身體怎麼知道早上起床的時間？晨光中的藍色部分告訴我們的生理時鐘該起床了，正如第43頁「藍光會喚醒寶寶，紅光會鼓勵睡眠」所示。夏天這種光線可能早上4點就出現，如果育嬰室在早上4點就射入晨光，寶寶的時鐘會接收到訊號，一天又開始了，寶寶的起床時間便會同步到早上4點。如何避免這一點？謝天謝地，這很簡單：使用遮光窗簾（請看第267頁「寶寶好物」），就能完全遮擋光線。寶寶睡覺的區域可能是育嬰房或你的臥室，在這些地方換上遮光窗簾，如果在不同房間換尿布，記得那裡也要換窗簾。記得晚上要拉上窗簾，而且要盡量拉攏，減少窗簾之間、窗簾與牆壁間的縫隙，如果必要的話，就用膠帶封好窗戶，阻止陽光滲入。

我最近發現一個超簡單的方法，只要5分鐘就能裝好這種窗簾：把鉤子黏在窗戶上方，再用吊環掛上攏帶式遮光窗簾。

寶寶成功睡眠的故事：遮光窗簾

我的客戶瑞秋住在紐約上東城36樓的公寓裡，採光明亮，她同意在超亮臥室裡加裝窗簾，以免2歲寶寶麗莎每天早上5點就醒來的說法，但惰性和睡眠不足讓她遲遲沒有做出改變，直到我給她簡易的黏貼掛勾，還有遮光窗簾。這個快速的改變讓她光線充足的臥室在早晨也能如夜晚般保持黑暗，並使每個人都能得到所需的睡眠。

早上眞正的陽光照進房間時，檢查窗簾的效果，理想上，拉上窗簾後，房間的光度應該和夜晚差不多。這一點爲什麼這麼重要？我們的眼睛對光線極其敏感：可以檢測到單光子範圍內的光。儘管單光子還不足以讓時鐘知道「早上了，起床！」但非常微弱、非常短暫的光照就能讓人逐漸清醒，正如第43頁（「藍光會喚醒寶寶，紅光會鼓勵睡眠」）及第48頁（「光線比我們想像得更強烈」）所示。因此，要讓寶寶的臥室盡可能保持黑暗。在實驗室中，我們非常小心地不讓果蠅照射到光線，以免干擾晝夜節律，但偶爾還是會發生意外，只要孵化室的門沒關好，許多實驗就必須重複進行——5五分鐘這麼短的光線就足以重置時鐘。

只要讓寶寶的房間保持黑暗，就能由「你」告訴寶寶什麼時候該起床，而不是太陽。

只要讓寶寶的房間保持黑暗，就能由「你」告訴寶寶什麼時候該起床，而不是太陽。除非到了起床時間，他的房間都會是暗的，他的生理時鐘會認爲早上4點仍然是晚上。

露營實驗

人們對光線的反應和果蠅相似，二〇一七年的研究說明了這一點，在研究中，受試者被送去露營一個禮拜。

研究者先測量受試者的褪黑激素值，才將受試者分成兩組，他們還發現一件特別的事：褪黑激素值和就寢、醒來的時間不一致。這項睡眠荷爾蒙並非在就寢時間達到高峰，或是在起床時間到達最低點，而是在受試者起床後仍然很高。夜晚燈泡和螢幕的人造光線是造成不一致的最大嫌疑犯——如我們所知，家裡大部分燈泡都含會抑制褪黑激素的藍光（包括螢幕），效果非常明顯：許多人說早上起不來，感覺疲倦，起床後好幾個小時才真正「清醒」；在就寢時間時，許多人也說他們難以入睡。

在實驗中，一週的露營生活隔絕了任何人工光線或是螢幕，消除了褪黑激素的時差。相較於生活如常的控制組，露營組的受試者對睡眠有較持久的正面影響，他們夜晚更容易入睡，早上起床時也比較清醒。這項研究顯露出陽光的力量。

我們不在露營的時候，經常在日落之後熬夜，也常常睡到日上三竿，但陽光不利於我們早上賴床，特別是在夏天，可能在你想起床之前好幾個小時就日出，依位置的緯度而定。（日出及晝長的詳細資訊請見：http://www.timeanddate.com/sun/usa/new-york）

總而言之，白天多曬太陽，晚上和清晨減少照光，都能幫助睡眠和清醒。

那晚上呢？就寢時間也需要特別的燈光環境嗎？你已經知道答案了。陽光中的部分藍光到了晚上會減少，如第43頁所示；光線裡藍光減少、紅光增加，褪黑激素開始分泌，告訴身體該就寢了。這對我們的寶寶有什麼意義？晚上別讓寶寶照射到藍光。寶寶晚上睡覺時，檯燈要使用紅光燈泡，換尿布和餵奶的地方也要換（紅光燈的推薦產品請見第267頁「寶寶好物」）。哄寶寶入睡時，只能打開紅光燈，如此一來，寶寶身處夜間模式中，他的時鐘才不會重置到早晨，褪黑激素不會受到抑制，換句話說，寶寶可以睡了。紅光不如一般的燈泡明亮，但也足以幫寶寶換尿布、餵奶，或是讓你在育嬰房中行走，若因爲寶寶哭泣或需要餵奶，只可以打開紅光燈。

如果寶寶在半夜醒來，或是在清晨醒來，早於你設定好的起床時間，而他又不想繼續睡覺，記得堅持遵循作息，讓一切保持在夜間模式，不要打開白光，育嬰房或你的臥室都只能開紅光燈，也不可以拉開遮光窗簾。

若因為寶寶哭泣或需要餵奶，只可以打開紅光燈。

一開始，哺餵寶寶要花很多時間，包括我在內的許多媽媽都會滑手機度過那段時間。比起自然的夜間光線，手機溢出的光線中含有大量藍光，研究也證實，晚上看著手機或電腦的螢幕會延緩褪黑激素分泌，讓人難以入睡，正如下圖「螢幕和人造光會抑制睡眠」所示。這問題的解答很簡單，打開手機或電腦的夜間模式，或是安裝濾藍光程式（見第267頁「寶寶好物」），它能預防你和寶寶照射到讓你清醒的

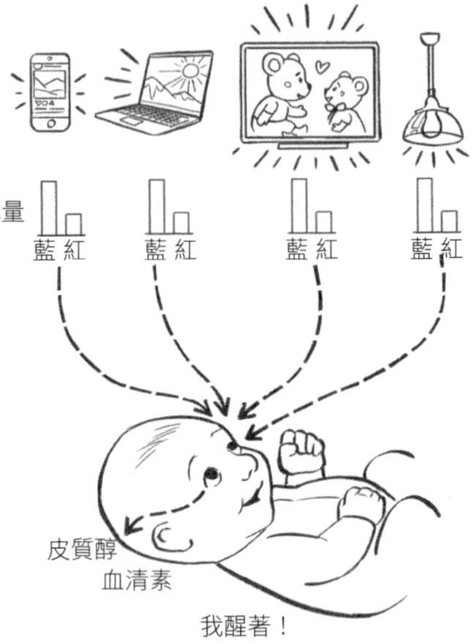

螢幕和人造光會抑制睡眠

螢幕和電氣照明中藍光比例很高，就和日光一樣會使皮質醇和血清素上升，提升警覺的程度、抑制褪黑激素的分泌，因而影響入睡。晚上不要讓寶寶照到螢幕光線，手機和電腦請轉成夜間模式。

藍光，如此一來，你們倆在餵完奶後都能更輕易再次入睡。

消除寶寶睡覺的房間裡所有藍光或綠光光源，藍色的鬧鐘或充電器的綠色指示燈都必須排除。如果必要，用膠帶蓋住。最安全的作法是，嬰兒臥室和尿布更換區只能使用紅光燈。

建立日間模式

依個人喜好，或是你在下一章將要建立的作息表，你的起床時間可能設在早上7點或8點，起床時先宣布一天的開始，接著進行例行的活動。說出「早安」，打開窗簾，用白天的聲量叫醒寶寶，從現在開始，讓寶寶待在光線中，即使小睡時也是，直到夜間模式。

這麼做的目標是清楚建立兩種模式，還有它們的差別，所有白天活動，包括午睡和餵食，都要和夜間活動有鮮明對比，且夜間活動應該只有餵奶、安撫和換尿布。白天寶寶周圍不要太安靜，在明亮的地方餵奶或是換尿布。如果可能，一開始就連小睡也不能在全暗的環境裡。

所有白天活動，包括午睡和餵食，都要和夜間活動有鮮明對比，且夜間活動應該只有餵奶、安撫和換尿布。

多數新生兒白天小睡時不會在乎明暗，但讓他們照射日光可以讓他的晝夜時鐘知道現在仍是白天，還不到分泌褪黑激素的時候，還不能進行時間更長的夜間睡眠。白天多和寶寶說話、玩耍、放音樂、散步等。

相反的，請避免在夜間進行這些白天的活動，包括燈光和聲音。到了就寢時間，當你準備要哄寶寶入睡時，開啓夜間模式，別讓寶寶離開育嬰房，輕聲和他說話，而且非常重要的是，關上燈，只用紅光燈。

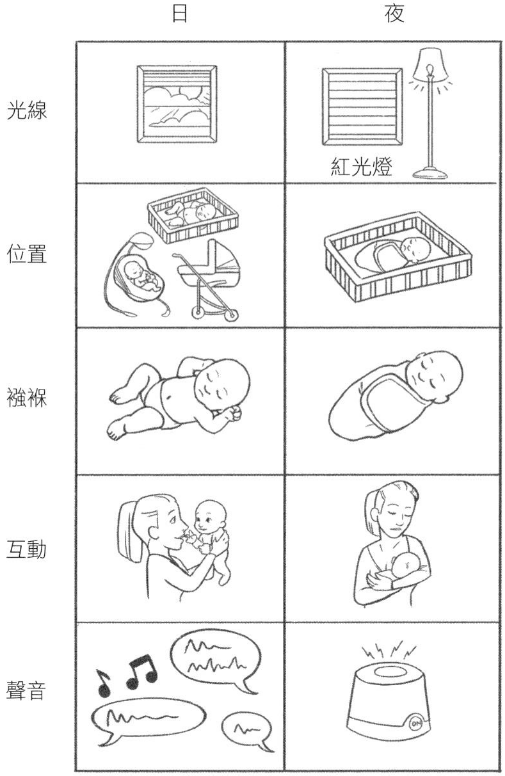

日間VS.夜間模式的睡眠

日間模式的小睡應盡可能和夜間模式的睡眠做出區別。最重要的是，白天小睡的環境不要太暗，別讓寶寶的小睡和晚上睡覺一樣舒適。小睡時不要幫寶寶裹上睡袋，睡覺時間結束後就要叫醒他。小睡時可以用搖籃，但要看著寶寶，也可以用推車帶他散步，幫助他睡著。在夜間模式時，使用遮光窗簾讓房間保持黑暗，並且只使用紅光。寶寶睡覺時要放在嬰兒床裡，用布裹著他，可以放白噪音幫助他入睡。減少和寶寶的互動，有必要的話只能輕聲說話，餵完奶或換完尿布後就將他放回嬰兒床。記住：晚上是用來睡覺的。

第7章 幫助寶寶入睡

安全的睡眠習慣

美國一年約有三千五百名嬰兒死於睡眠相關的情形，包括嬰兒猝死症、不明原因死亡、床上的意外窒息和勒死。一九九〇年代趨勢略微下降，但近幾年來，與睡眠相關的嬰兒總死亡率都沒有下降。嬰兒猝死症和其他睡眠相關的嬰兒死亡中，許多可改變和不可改變的危險因素非常相似，美國兒科學會建議使用安全的睡眠環境，以減少所有與睡眠有關的嬰兒死亡風險，建議中包括仰臥姿（面朝上），使用較硬的床面，同房不同床，避免柔軟的床上用品，也要避免過熱。

關於減少嬰兒猝死症的其他建議包括避免接觸香菸、酒精或非法藥物；哺餵母乳；定時打預防針和使用奶嘴。

建議為新生兒進行袋鼠式護理，但設置一個獨立的小床，可以放在床邊、床上、沙發上、扶手椅上或椅子上，四個月後的嬰兒避免使用柔軟的床上用品。有關這些建議的理由細節可見 www.pediatrics.org/cgi/doi/10.1542/peds.2016-2940。

＊引自美國兒科學會《嬰兒猝死症及其他睡眠相關嬰兒死亡：截至二〇一六年嬰兒安全睡眠環境建議》（SIDS and Other SleepRelated Infant Deaths: Updated 2016 Recommendations for a Safe Infant Sleeping Environment.）

我們都想要寶寶能輕鬆睡著、不哭不鬧，但嬰兒，特別是新生兒都需要幫助才能入眠。我們希望嬰兒在白天小睡，但白天的睡眠不能那麼舒適，夜間則要盡可能創造最舒適的睡眠環境。白天處理一個愛哭鬧的寶寶，比哄一個凌晨3點還不會累的寶寶容易多了，而且日夜模式的差異越大，寶寶的節律就越能同步。

我們可以用上一篇中了解到的晝夜節律時鐘來思考輔助睡眠的方式：早上10點寶

寶小睡時總是使用電動搖籃，可以成爲半小時小睡的校時器；總是幫小孩包上襁褓，放到嬰兒床裡，只亮著紅燈，可以成爲8小時夜間睡眠的校時器。寶寶日夜睡眠的方式及地點，都能幫助他學習夜間睡眠是長時間的，白天小睡比較短。第二步將針對如何發展作息，如何決定寶寶理想的就寢及起床時間，提供更詳盡的資訊。

寶寶日夜睡眠的方式及地點，都能幫助他學習夜間睡眠是長時間的，白天小睡比較短。

學習自我安撫

寶寶熟睡法將建立一套能讓寶寶快速入睡的睡眠時間。不過，要讓寶寶睡著依然會有些挑戰，特別是前幾個月。我們的目標是讓他學習自我安撫，所以試著不要抱起寶寶，安撫寶寶時讓他待在嬰兒床或搖籃裡。寶寶想要整夜好眠，自我安撫是最重要的必備技巧，最好從一開始就鼓勵他學習這項技能。抱著寶寶散步只能當成最後殺手鐧。

自我安撫的概念是睡眠訓練中必不可少的一部分，可追溯到理查・法伯（Richard Ferber）博士，在他的暢銷書《解決孩子的睡眠問題》中提出的一套模型，內容描述父母意外地和孩子形成睡眠連結，干擾了寶寶的夜間睡眠。寶寶晚上醒來時，父母通常會很快做出反應，將孩子抱出嬰兒床，抱著他們餵奶，好讓他們繼續睡覺。法伯認為這些行為會促使寶寶形成特定的睡眠連結，他們學會期待父母干預睡眠，也沒辦法學會自我安撫。結果呢？寶寶晚上不斷醒來哭著找爸媽，大家都沒得睡。

在法伯的睡眠訓練法中，寶寶晚上如果哭泣，盡量不要抱他，慢慢延長時間，直到寶寶學習自我安撫，這方法非常受歡迎，所以這過程也經常被稱為法伯化。事實上，你或許聽過這種方法，或是聽過其他父母談過「隨他哭」方法。

波士頓市立醫院的兒科醫師測試了法伯的模型，他們在寶寶4個月檢查時，告訴其中一組父母讓寶寶學習自我安撫的方法，另一組則沒說，然後在9個月追蹤時比較兩組嬰兒的夜間睡眠。正如假設所言，讓寶寶學習自我安撫的組別夜間醒來的頻率減少50%。我們也可以從晝夜同步的觀點理解法伯的想法：半夜持續回應嬰兒的提示，會讓寶寶學會等待父母的介入，而非自己繼續睡覺。法伯的方法或許有效，但也有批評聲浪認為這對父母來說太難了。因此我提出一套對嬰兒、對家長都比較友善的溫和睡眠訓練法，我將在第13章詳細說明。

以下是一些常用且有用的技巧，可以使嬰兒平靜下來並幫助他們休息：

- 用襁褓包裹
- 搖晃
- 輕噓
- 唱歌
- 白噪音
- 電動搖籃
- 新鮮空氣（開窗或外出）

・放在嬰兒車裡去散步
・放在搖籃裡去散步
・餵食（見第8章「人體奶嘴」）
・奶嘴（不建議，說明如後）
・可以吸吮的薄毯（比奶嘴好）
・抱著散步
・填充玩具（較大的寶寶或學步幼童）
・毯子（較大的寶寶或學步幼童）

寶寶哭泣的時候，你可以利用這些技巧幫助他冷靜並且入睡，記得，重要的是寶寶不會睡一整天（見第10章），所以一天之中可以分別利用這些方法。舉例來說，你可以用電動搖籃幫助寶寶入睡，但不要連續用好幾個小時，以免他睡上一整天，小睡時間結束後就關掉電源，這樣他就會自然醒來。

針對如何使用睡眠輔助法幫助寶寶小睡，以下有些較詳細的討論，這些方法都有助於我們達成終極目標：讓寶寶一覺到天亮。

用襁褓包裹

將新生兒包裹起來，對幫助睡眠幫助極大，因爲他習慣了子宮裡舒適的緊密感，習慣了手腳的活動受到限制。新生兒有種反射動作稱爲「摩羅反射」（Moro reflex），當他覺得自己墜落時，他會本能地伸直手臂以保護自己，成長到4至6個月時，這種反射就會慢慢消失。寶寶睡覺時，經常會發生抽動，觸發這種反射，然後他們胡亂揮舞的手臂會驚醒他們。因此寶寶很難睡著，也很難保持睡眠狀態，限制寶寶手臂的活動有助改變此點。襁褓重新創造子宮舒適緊密的環境，預防引發摩羅反射，許多母親，包括我自己，都能證明襁褓的效力。

這種效果不是傳聞，聖路易斯的華盛頓大學睡眠實驗室也做過測試。研究人員使用多種測量方法，包括用多頻道睡眠紀錄來檢測大腦中的電活動以記錄睡眠，用肌電圖檢查肌肉活動，以及用特殊襁褓檢測嬰兒運動，研究人員能夠證明比起未包裹的嬰兒，襁褓能減少高達九成的睡眠中驚嚇和驚醒。

襁褓似乎是幫助寶寶睡眠的完美方法，但關鍵在於只在夜間使用襁褓，否則你的寶寶白天會睡得太多，從而干擾夜間的睡眠。白天時可使用其他助眠方法（例如搖籃、放在嬰兒車散步、新鮮空氣等），把這個終極助眠工具留到眞正需要的時候，也就是夜間。嬰兒通常在5至6個月、或更早學會翻身，在那之前都可以使用襁褓，等學會翻身之後，襁褓就不安全了，因爲寶寶可能會翻身趴在床上，卻不能用手臂調整姿勢，他可能面朝枕頭造成呼吸困難。只要一看到嬰兒翻身，不管是哪個方向，就不要再使用襁褓。

晚上突然要停止使用這麼有幫助的助眠工具讓人害怕，你可以使用睡袋取代襁褓，這種可穿戴的毯子讓寶寶在其中也能自由移動他們的手臂。還好只要其他夜間模式的因素都照舊，寶寶的睡眠就不會因爲從襁褓換成睡袋就受到多大的影響。這就是寶寶熟睡法的優點：你要使用多種提示，包括燈光、作息和日常例行活動，讓孩子建立強烈的節律。襁褓只是其中一小部分，不再使用襁褓，但還是施行同樣的就寢作息，確保孩子晚上已經疲倦，都可以讓寶寶快樂入睡，即使他的手突然不受限了也一樣。

眼神接觸

把孩子放到床上時，避免眼神接觸。我們每個人都很熟悉，在心理學研究裡也是長久以來就有的觀念，也就是被注視會增加我們的警覺性，改變我們的大腦模式。和媽媽四目相對，對寶寶來說是很興奮的事，他可能因此更加警覺，這和他睡覺時必須做的事相反，所以你的眼神可以轉而凝視他的下巴或肚子，如此他更容易冷靜下來。

為夜間睡眠創造想要的空間

如果可能的話，讓孩子在不同於夜間睡眠的地方小睡比較好。晚上都要將他放進嬰兒床裡，也就是都要放到同一個地方。至於午睡，使用不同的嬰兒床，或是讓他睡在寶寶搖籃裡，或是放在嬰兒車散步，都是很好的選擇。

寶寶成功睡眠的故事：在嬰兒車裡睡覺

幫助馬克斯是我很喜歡的一則故事，是關於一個新手爸爸向我抱怨小睡時間的問題。馬克斯說，他的寶寶奧琳比亞小睡時間很難入睡，除非抱著她晃來晃去。當時是夏天，氣候舒適宜人，所以我建議他每天同一時間帶奧琳比亞去散步，幫助她入睡，也幫他自己離開家。他需要這樣的改變，建立離家散步的作息。一週後，馬克斯說奧琳比亞下午在嬰兒車裡可以睡得很熟，他和妻子也很享受下午在社區散步的休息時光。這是個雙贏策略。

白噪音

許多父母堅信白噪音可以幫助寶寶睡眠。一九九〇年，倫敦科學家提出白噪音可以讓80%的2至7天大新生兒在5分鐘內入睡，而沒有白噪音的控制組裡只有兩成的嬰兒睡著。白噪音蓋過任何可能干擾嬰兒睡眠的環境聲音，而且噪音本身也有舒緩的作用，有人認爲白噪音模仿嬰兒在子宮裡的聲音。

雖然白噪音是很好的助眠工具，還是偶一爲之就好，因爲它的效用會逐漸減弱。晚上餵奶時關掉白噪音，這樣如果將寶寶放回床上，他又開始哭泣時就可以使用。白天小睡時不要用白噪音，如果只在晚上使用，就可以成爲另一項指標，告訴寶寶現在是晚上了，該睡覺囉。白天可以用不同的聲音幫助孩子入睡，許多嬰兒搖籃都有內建音效，例如搖籃曲或自然的聲音，利用這些音效安撫寶寶，這一招對許多家長都有效。白噪音的機器很多，智慧型手機也有白噪音應用程式（見第267頁的「寶寶好物」）。

奶嘴

寶寶哭的時候，你幾乎什麼都願意做，只要能讓他停下來，我一直不喜歡用奶嘴的方法，然而走投無路時，對莉亞和諾亞我都試過這個方法。莉亞的結果很簡單：她吐掉奶嘴，故事結束。諾亞就不一樣了，他接受了，我們享有平靜的第1個月，如果我剛餵飽他，他卻開始胡鬧，只要奶嘴上場，寶寶便快樂又滿足，奶嘴也能幫助他入睡。白天幾乎都不會聽到他哭了。

而晚上又是另一個故事了。他醒來多次，開始哭泣，我不是餵奶，就是拿奶嘴安撫他。到第5週的時候，我突然發覺：我已經有效地訓練諾亞，讓他需要奶嘴才能入睡。白天還沒什麼，掉出來之後只要塞回去就好，到了晚上，這表示他一哭你就得醒來，把奶嘴塞回他口中，因爲他沒有奶嘴就睡不著。我的寶寶對奶嘴上癮了。

我明白奶嘴只會延長他學習自我安撫的時間，所以我做了激進的決定——「說戒就戒」。一天內我們丟掉了所有奶嘴，開始改寫他的習慣。大約24小時，我們手上的嬰兒非常難搞，我承認最後我已經崩潰，放棄原有的餵食時間，只要他一不高興就餵奶，有一陣子我成了人體奶嘴，後來我慢慢減少以餵奶當作安撫工具的次數，直到諾亞又恢復作息。

根據美國兒科學會（AAP）的說明，也是許多父母的信念，使用奶嘴可能降低嬰兒猝死症（SIDS，一歲以下的嬰兒不明原因死亡，通常發生於睡眠中，與嬰兒床不安全有關），但我基於個人經驗，以及與其他遇到相似問題父母合作的經驗，並不建議使用奶嘴。另一種比較不會成癮的口含安撫工具是棉毯。諾亞大約4個月大時，他喜歡手上抱著一塊布，有時候還會吸吮它，輕量、透明的棉毯可以透氣，所以你不必擔心嬰兒猝死症。然而，棉毯只能在白天小睡時使用，使用時也要注意寶寶的情況。

你的寶寶應該睡在哪裡？

你的寶寶是和你一起睡在你的床上，睡在你房間裡，或是在另一個房間的嬰兒床，在育兒社群裡一直是個備受爭議的問題。「親嬰派」的父母喜歡分享床鋪，不讓小孩哭泣，雖然聽到自己的孩子哭泣很痛苦，但這是幫助寶寶一夜好睡的最佳方法嗎？

除了安全方面的考慮，AAP反對和小孩共床，因為會增加嬰兒猝死的風險。有充分的證據顯示，讓嬰兒有空間學習自我安撫，有助於安睡一夜。倫敦大學學院的研究者在二〇一七年利用錄影分析及睡眠日記，比較和父母共睡的嬰兒與獨自睡在嬰兒床的嬰兒。他們發現，和嬰兒同睡的父母會在嬰兒醒來後幾秒鐘內就做出反應，並立即餵食；分床睡的父母反應速度較慢，比起同睡組餵食的時間也比較晚。但是，科學家發現嬰兒在3個月大時，同睡組只有25%的嬰兒在夜晚能睡超過5小時；相反的，分床組的父母都會等至少1分鐘才去安撫餵食小孩，但嬰兒卻有72%可以睡超過5小時。換句話說，晚一點餵小嬰兒，即使只晚1分鐘，對嬰兒能整夜安睡的速度都有明顯的影響。如果寶寶就在身邊，不馬上安撫或餵食寶寶幾乎是不可能的，但如果讓寶寶睡在自己的嬰兒床，或是可以睡在自己房間更好，這樣父母就能忍耐，並教導嬰兒自我安撫。

那麼把嬰兒床放在你房間或獨立一個房間，有什麼差別呢？如果前幾個禮拜他總是需要餵奶，把他放在你房間是很合理的，將他放在你身邊，可以減少干擾你的睡眠，到了某個時間點，如果可以的話，將他放在自己房間比較合理。你會注意到他在自己臥室裡對聲音非常敏感，媽媽翻身或爸爸打呼都會吵醒嬰兒。相反的，寶寶發出的怪聲咕噥雖然可愛，但也可能破壞你的睡眠。

確實，以色列科學家在二〇一五年進行的研究表示：讓寶寶睡在自己房間裡會大大改善嬰兒和母親的睡眠。研究者比較母嬰同房睡和分房睡的情況，發現在嬰兒3到6個月大時，同房睡的母親夜晚醒來較多次，睡眠品質也較差。換句話說，將孩子放在他的房間；你可以放在聽力所及的範圍內，或是設置寶寶監視器，這樣寶寶醒來就能聽到，這樣至少可以改善你的睡眠，而寶寶的睡眠通常也變得更好。當你想延長寶寶夜間睡眠的時間，將他放在別的房間會讓這件事容易許多，因為他可以練習自我安撫的技巧，你也不會聽到一點細微的哭聲就急著安撫他。

以色列科學家在二〇一五年進行的研究表示：讓寶寶睡在自己房間裡會大大改善嬰兒和母親的睡眠。

讓孩子換到自己的房間最好的時間點約是2個月大，在那時候你不會對睡著的嬰兒疑神疑鬼，在你自己的臥室可以眞正休息得更好。

你的孩子開始學走路時，他可能偶爾會走到你的床邊，想和你一起睡（他可能做惡夢了，或是不舒服了）。讓你的小嬰兒或小寶寶睡在你的床上、睡在你身上，或是蜷縮在你的臂彎裡，再可愛不過了，但請注意：他們也覺得這樣很美好。如果他們正心情愉悅地躺在你的身邊，而你卻想讓他回到自己的房間，你的可愛小人兒可不會同意。把一個習慣與父母同睡的嬰兒或幼兒趕走是極其困難的事，大多數的爸媽都會放棄，讓他們進房間來。如果你想分房睡的話，這種情況實在讓人挫折。

寶寶成功睡眠的故事：同睡或分房睡

羅根10週大，體重約6公斤時，他的母親蘿拉又來找我。羅根1個月大時，我已經輔導過蘿拉，當時他的睡眠已有改善，有幾次晚上都能睡滿6個小時。然而，大多數時間的睡眠情況都還是不好，因為羅根不管白天黑夜都難以入睡。他晚上經常每小時醒來一次，蘿拉必須餵奶讓他重新入睡。羅根和爸媽睡在同一張床上，晚上他們經常抱著羅根好幾個小時，才能讓他睡著；白天他會有3到4次的小睡，時間加總約6小時。蘿拉很擔心羅根沒有得到充分的休息睡眠，因為他睡覺時手腳經常揮舞，雖然沒哭，但他「看來沒睡好」。

為了讓羅根重回正軌，我首先建議蘿拉買個嬰兒床給他，然後放在單獨的房間裡。她也買了台嬰兒監視器，如此分房睡她也會安心一些。我勸蘿拉將羅根的午睡時間從6小時減到4小時，因為根據第62頁的圖表，羅根的午睡時間太長了，這樣會影響夜間睡眠。另外，我帶著蘿拉進行溫和睡眠訓練，因為羅根似乎已經準備好了（見第160頁）。

蘿拉媽媽回報，雖然聽到羅根哭泣很難受，但僅僅過了幾個晚上，羅根最長的睡眠時間就從平均每晚3個小時躍升到5個小時！她開心極了。我建議她繼續進行睡眠訓練，直到寶寶能睡滿一整夜。

你需要決定什麼是最重要的，但如果你想自己睡，就別讓孩子開始培養和你們同睡的習慣。我的孩子在生病時常常和我睡覺，讓他們睡在身邊，或睡在我身上，我也覺得很開心。我睡得不多，但我覺得這樣的親近感伴隨而來的愛和照護，可以幫助他們好起來。但是，我堅持第二天晚上就將他們放回嬰兒床，因爲我不希望他們習慣媽媽的枕頭。

從嬰兒床到大床

什麼時候適合換到兒童床，該怎麼做呢？不必急著讓你的孩子換到「真正」的床鋪，孩子喜歡固定作息和持續性，在他們的嬰兒床裡可以感覺舒適、安全，只要你的孩子可以安全地待在嬰兒床裡，我建議就讓他們睡在嬰兒床。孩子

3歲左右，有時候會更早，他們會想爬出嬰兒床，這樣就不安全了，只要他們嘗試「越獄」，就是時候將他們換到兒童床了。在換床前，先確認你的孩子能睡得好，晚上已經夠疲倦，否則他每隔5分鐘就會下床一次，要你陪他玩（見「如何創造理想作息第二步」）。換床前幾天，要先和孩子說明，告訴他從現在開始真的要睡到大孩子的床了，但一切都還是一樣，夜間模式時他要待在自己的床上，直到你或你的伴侶早上起來叫他起床。如果換大床嚴重破壞他的就寢時間、夜間睡眠或起床時間，這表示他的作息必須根據第二步驟重新審視。記得：床不是孩子睡不好的理由，實際的原因通常來自作息。

兄弟姊妹

本書所有核心的建議都是從我第一個孩子莉亞開始發展的。莉亞2歲時，第二個孩子諾亞出生了。莉亞一直睡得很好，但當然了，新生兒諾亞睡得不好。

前2個月他睡在我們的臥室裡，時間到了我準備讓他換到自己的臥室，這是爲了他好，也爲了我們好。他的（和我們的）睡眠多少改善了，但夜晚他一直醒來啼哭。我擔心莉亞會被吵醒，所以每次諾亞一哭，我便盡快衝過去餵他喝奶。謝天謝地，莉亞很少被吵醒。

然而，諾亞大約3個月大時，我想讓他做睡眠訓練（見第12章及第13章），我知道他在學習自我安撫時，一定會哭得更凶。一個大問題是：我要怎麼確認莉亞不會被吵醒，讓我得處理兩個無眠哭泣的寶寶？答案很簡單：分房、白噪音和夜間模式。

分房

理想上，每個小孩都要有自己的房間，直到他們完成睡眠訓練，如果因爲空間限制不許可，睡得比較好的小孩可以和你一起睡，直到另一個孩子可以一覺到天亮。如果你把睡得比較不好的孩子放在身邊（通常是新生兒），你們會不斷吵醒彼此。再說了，如果寶寶不在你面前哭泣，睡眠訓練也比較容易。等你準備好，把嬰兒放在他自己的房間，把比較大的孩子放在你身邊，如果大家都睡在同一個房間，白噪音和夜間模式就格外重要。

白噪音

如果孩子分開兩個房間睡覺，每個房間都要有台白噪音機器；如果較大的孩子和你同睡，你的臥室也要放白噪音機器。讓孩子上床睡覺時，將白噪音打開，如此一來，新生兒哭泣時，比較好睡的孩子就不會被吵醒。在像城市這麼吵嘈的地方，這也有助於減少可能干擾睡眠的交通噪音，如果大家都睡在同一個房間，想預防吵醒彼此，白噪音就特別重要。

還有一點很有幫助的知識，剛入夜時醒來哭泣比較不會打擾另一個孩子，深夜時影響較大。為什麼？因為嬰兒或幼童漸漸滿足了他的睡眠需求，夜間的睡眠壓力會逐漸減少（見第59頁「睡眠壓力讓我們想睡覺」），因此，夜晚剛入睡時最不容易被吵醒，在早晨將醒之前最容易醒來，此時寶寶的哭泣最可能吵醒屋裡其他孩子，清晨使用白噪音便特別重要。

夜間模式

不管新生兒的睡眠多好或多壞，孩子的每個房間都要執行夜間模式。如果較大的孩子因爲新生兒哭泣被吵醒，或是因爲其他理由醒來哭泣，夜間模式就很難執行。不要讓較大的孩子中斷夜間模式，也不要讓他離開房間，如果可以的話，在你安撫1個小孩時，請你的伴侶照顧另一個。每個人都嚴格執行夜間模式，可以預防打亂作息，這對你較大的孩子來說非常重要。記得，如果你讓他太早起床，這其實是讓他的大腦設定了新的起床時間，他會同步這個新的作息，即使這個新的起床時間是可怕的清晨5點。

在早晨將醒之前最容易醒來，此時寶寶的哭泣最可能吵醒屋裡其他孩子，清晨使用白噪音便特別重要。

創造理想的光線和睡眠環境

關鍵點

- 建立日間模式和夜間模式。
- 夜間模式只用紅光燈。
- 日間小睡不能像夜間睡眠那麼舒適。
- 襁褓、白噪音和其他工具只能在晚上使用，好幫助寶寶一覺到天亮。
- 找出最適合家人的睡眠安排。

PART 3

第二步：創造理想的睡眠和小睡時間表

到這裡，你已經是為嬰兒創造理想睡眠環境的專家了。但作息和時間規律呢？我們什麼時候該餵養嬰兒，什麼時候又該讓他睡覺？或是我們應該從嬰兒表現的線索來決定？

謝天謝地，科學能幫助我們釐清那些關鍵問題。

在「睡眠科學」中，你已經知道人體的內在時鐘非常精準，這表示你和內在節律越是同步，每天就寢和清醒就越容易。用簡單的話來說，這意味著：每天在同一時間做所有事情，並且沒有例外，晚上的睡眠、白天的小睡和餵食都要固定同樣的時間。此外，你也可以為外出、玩樂或做其他活動增加特殊的時間。在以下的章節中，你將了解如何建立和維持嬰兒時間表的不同元素，包括嬰兒出生後的餵食、就寢和起床時間，白天的小睡和例行活動。

第8章 作息時間表

許多研究顯示讓孩子有固定作息可以減少他們哭泣的時間，也讓父母不那麼崩潰。父母有個大問題是如何讓他們的孩子培養固定作息時間，還有從哪個年齡才有可能培養作息。

新生兒

在最一開始，醫院或兒科醫師告訴我們依孩子的需求哺乳，新生兒應該每2個小時叫醒他喝奶一次，夜間可能要睡3到4小時。

醫生通常會建議夜晚在寶寶睡4個小時後叫醒他們喝奶，直到他們回復到出生時的體重（除非是早產兒，醫生會建議一個不同的目標體重）。胎兒原本從母親子宮內的血液供應不間斷地得到營養，出生後則轉變爲間歇性的餵奶，在過渡時期體重會減輕，重要的是補充充足的水分和熱量，直到嬰兒恢復出生體重爲止。這過程通常需要花費一週到一個月，在那之前，嬰兒夜晚睡著4小時後要喚醒喝奶，白天則要每2小時餵一次。

等寶寶回復出生體重之後，晚上通常可以讓他持續睡覺了。太棒了！我的老大莉亞差不多就是這樣長大的，她在出生兩週後回復到出生體重，從那之後都可以徹夜好眠。

老二的發展就截然不同了。兒子諾亞出生時，前24小時每15分鐘就要哺乳一次，接下來兩天是每半小時餵奶一次，他每次只喝幾分鐘，連一邊的母乳都不喝完，然後睡一陣子，又因爲飢餓而醒來。一再重複。這種瘋狂的日子過了三天，我詢問月嫂（幫助產婦及新生兒的人）該怎麼做，她說應該讓他每2小時喝一次奶，其餘的時間再讓他睡覺。所以我逼他那麼做，哺乳時我一直撥弄他的衣服，朝著他吹氣，以免他睡著，這樣他就能多吃一點，兩次喝奶之間也能睡得久一點。像這樣哺乳兩次之後，我們便能依每2小時餵一次的作息進行，這讓我的生活正常多了，因爲現在我可以趁他睡覺時補眠——在寶寶每15到30分鐘就得哺乳一次的時候，這是無法做到的奢侈。

這表明儘管在那個階段，我們還不能對嬰兒強加任何規律，但新生兒還是能依我們的期望，對進食和睡眠的刺激做出反應。

再說一次：新生兒應該每2小時餵一次，兩次餵奶之間睡覺；夜晚則可以睡4個小時。爲了讓睏倦的寶寶可以清醒的喝久一點、喝飽一點，可以脫掉他們的衣服，拿條濕布擦拭，輕輕碰觸，或是朝他們吹氣。

為什麼時間表很重要

在讓寶寶把生活弄得一團混亂，或是忽略嬰兒表現的線索嚴格執行時間表之間，有一種自然的方法能爲你和寶寶建立作息。如果讓嬰兒主導餵食和睡眠時間，沒有溫和而堅定地轉移到固定作息，將會造成問題，因爲嬰兒不知道現在是什麼時候——更重要的是，他對自己的了解還不足以明白自己的需求。他可能不開心，卻又不知道爲什麼。可能是因爲他餓了，或是累了，或是其他我們永遠不知道的理由。更糟的是，如果沒有固定作息，我們每次都得嘗試一遍各種可能：餵奶、換尿布、哄睡……這對你及寶寶而言都非常累人。等你搞清楚他需要什麼時，他可能已經哭了20分鐘，到那時候就更難安撫了。

藉由建立餵食和睡眠作息，你們都將學會了解寶寶在特定時間的需求，你們也將知道他在小睡前不高興，只是因爲他累了，讓他睡一覺就能讓他的心情好起來。還知道他在早上10點胡鬧是因爲他餓了，拿瓶牛奶給他，或是哺乳都有幫助。當然，還會有找不到嬰兒哭鬧原因的時候，但那些次數將大幅減少，因爲在你建立的固定作息中，寶寶的需求通常都能得到滿足。

藉由建立餵奶和睡眠作息，你們都將學會了解寶寶在特定時間的需求。

比起隨興喝奶和小睡，固定作息還有什麼優點呢？壓力較小、哭泣較少、自由更多。寶寶很快知道爸媽什麼時候餵食，其他時間就不會吵著要喝奶。整體而言，他會比較冷靜，因爲他的身體更有秩序了。對你來說，固定作息可以大大簡化你的生活，如果才剛餵奶1個小時，寶寶卻開始吵鬧，你知道不用再準備牛奶，而是用其他方式安撫他，因爲吵鬧的原因不可能是肚子餓。如果孩子在預定的餵奶前吵鬧，你知道他餓了，就可以開始準備哺乳，將他抱起來散散步，或是幫他換尿布，讓他做些俯臥運動。

對你來說，時間表代表你可以爭取回一絲絲自己的生活，因爲你可以更好地計畫怎麼過一天。

你知道你可以在早上11點半工作、看醫生或和朋友喝咖啡，因爲你的寶寶那時候剛喝完奶，會有2個小時的好心情。眞是驚人！

對你來說，作息代表你可以爭取回一絲絲自己的生活，因為你可以更好地計畫怎麼過一天。

所以我們要怎麼建立餵奶和小睡時間表呢？即使嬰兒在人生的前幾個禮拜進食的頻率很高，你也可以開始建立特定的餵食時間（見第125頁「0到5個月大的嬰兒作息表範例」）。首先固定就寢前最後一次的餵奶時間，然後固定早晨的第一餐時間。

設定就寢時間及早晨起床時間

這個計畫的美好之處在於你可以選擇適合你的就寢及起床時間，這便是寶寶熟睡法與其他睡眠訓練建議的不同之處。在訓練一開始，決定你希望的時間表，然後讓孩子的睡眠週期和你的同步。

太早讓孩子睡覺會讓他太早起床，因爲他一次只能睡那麼久，也只能處於夜間模式那麼久。如果你的寶寶一次最多只能睡5個小時，而你7點就讓他睡覺，他便會在半夜醒來，之後的夜晚會睡得不久，也睡不好。除非你7點就想睡，否則你和寶寶的作息就不會協調。

想設置適當的就寢和起床時間，最佳的方法是從所需要的起床時間開始往後推算，多數家長最後都必須上班，或是還有其他小孩得在特定的時間起床，所以這麼做很合理。舉例來說，如果你的目標是在早上8點起床，晚上11點睡覺，那麼在晚上11點到早上8點之間就是核心的夜間模式時間。寶寶最後一次喝奶要在晚上10點半之前，接著應該開啓夜間模式，讓孩子知道該睡覺了。在那之前，你有一整套的夜間例行活動，讓孩子得以預期就寢時間到了（有關就寢作息範例請見第140頁）。

想設置適當的就寢和起床時間，最佳的方法是從所需要起床時間開始往後推算。

如果晚上寶寶要喝很多次奶，那段時間你也得保持幾小時的清醒，你或許要在夜晚開始或結束時增加一次緩衝，好讓你能得到足夠的休息。如果寶寶晚上要喝三次奶，每次餵食、換尿布和安撫的時間為40分鐘，那麼三次便是2個小時，你可以提早2小時就寢，好得到足夠的睡眠，也就是晚上8點半餵最後一次奶，9點就寢。你也可以在晚上提早1小時就寢，早上延後1小時起床。寶寶夜間喝奶的時間減少時，就寢時間和起床時間也可以調整。

如果嬰兒夜間睡眠的時間和夜間餵食的時數變化仍然很大（通常在頭2個月），則整個過程可能很棘手。解決方法是依你能得到足夠休息的時間選擇就寢和起床時間，在這之間都維持夜間模式，寶寶很快能學會那便是該睡覺的時間。即使他還是常常需要餵奶，也能在吃飽後很快入睡，不會想著白天的玩樂。重點是在設定的起床時間前，要嚴格保持夜間模式。

我們一起看看如何為1週大的新生兒建立作息時間表。

第一步：決定你想要的起床時間。我們假定是早上7點好了。

第二步：決定你晚上必須醒來多少時間。假設是1個小時。

第三步：查看第62頁的寶寶睡眠表，找出寶寶的年齡。1週大的新生兒晚上應該睡9個小時（含夜間起床喝奶的時間）。

第四步：計算就寢時間：你想要的起床時間扣除寶寶夜間總睡眠時間。早上7點，扣除9小時，也就是晚上10點。因為晚上會醒來，入夜的時候要有1小時緩衝，所以就寢時間是晚上9點。就寢前的例行活動，包括哺乳或餵奶，至少要提早30分鐘，也就是晚上8點半。

你的時間表：晚上8點半開始夜間模式，餵奶，9點就寢，早上7點起床。

建立日間餵奶及小睡作息

現在我們知道了嬰兒出生時都有生理時鐘，但這個時鐘還沒跟內在或外在同步，他們的作息很混亂。在新生兒身上強加嚴格的睡眠時間表既不可能，也沒幫助，但建立一套餵食的時間表，同時保持固定的就寢和起床時間是很有用的。對一個月大的嬰兒來說，可以試著固定餵食時間，找出最合適的小睡時間，因爲寶寶喝完奶後很快就會累了。

如果你想晚上10點半睡覺，早上8點起床，那麼不管晚上要餵食幾次，或是上一次哺乳的時間，最後一次餵奶時間都要設在晚上10點，而且早上8點就要叫醒孩子喝奶。你要讓餵奶時間變成校時器，並固定不變。漸漸地，你也可以固

新生兒～ 8 週

9:00 AM	**起床及餵奶**
10:00 AM	小睡（30~60 分鐘）
11:00 AM	起床及餵奶
12:30 PM	小睡（30~60 分鐘）
1:30 PM	起床及餵奶
3:30 PM	小睡（30~60 分鐘）
4:30 PM	起床及餵奶
6:00 PM	小睡（30~60 分鐘）
6:30 PM	起床及餵奶
7:30 PM	瞌睡（20~30 分鐘）
8:00 PM	起床及餵奶
9:00 PM	瞌睡（20~30 分鐘）
10:00 PM	**就寢前活動**
10:30 PM	**餵奶、睡覺**

＋夜間餵食要處於夜間模式
＊粗體字代表固定時間

2 個月大嬰兒

8:30 AM	起床及餵奶
10:30 AM	小睡
11:30 AM	起床
12:00 PM	餵奶
1:30 PM	小睡
3:30 PM	起床
4:00 PM	餵奶
5:30 PM	小睡
6:30 PM	起床及餵奶
8:30 PM	餵奶及小睡
9:30 PM	起床
10:15 PM	就寢前活動
10:30 PM	洗澡
10:45 PM	餵奶、睡覺

＋夜間餵食要處於夜間模式

3 個月大嬰兒

8:30 AM	起床及餵奶
10:30 AM	小睡
11:30 AM	起床
12:00 PM	餵奶
2:00 PM	小睡
3:30 PM	起床及餵奶
6:00 PM	餵奶
6:15 PM	小睡
7:00 PM	起床
8:00 PM	餵奶
9:15 PM	就寢前活動
9:30 PM	洗澡
9:45 PM	餵奶、睡覺

＋夜間餵食要處於夜間模式

5 個月大嬰兒

8:00 AM	起床及餵奶
10:30 AM	小睡
11:15 AM	起床
12:00 PM	餵奶
2:00 PM	小睡
3:30 PM	起床及餵奶
6:00 PM	餵奶及小睡
6:45 PM	起床
8:00 PM	餵奶
8:30 PM	就寢前活動
8:45 PM	洗澡
9:15 PM	餵奶、睡覺

＋夜間餵食要處於夜間模式

0到5個月大的嬰兒作息表範例

新生兒多數時間都在睡覺，等長大一些，在喝奶後能清醒較長時間，小睡次數也會減少。你會注意到有種模式浮現：像是餵奶、清醒一小時，又睡一、兩個小時，記下這些模式並融入你的時間表。新生兒為什麼要睡那麼多？這沒有確切的答案，但可以用睡眠壓力來理解。

定其他餵食時間。你甚至可以對新生兒每2小時一輪的作息制定規律，但只有在間隔時間較長，例如每2個半到3小時餵奶一次，這才眞正有意義。什麼時候能制定規律要依你的嬰兒而定，特別是看他增加了多少體重，每個嬰兒都不一樣，你自然會以孩子的需求爲主，因爲他會用哭泣、尋乳或是把手放進嘴裡來表達自己餓了。如果寶寶還是每2小時需要餵食一次，那麼就2小時餵一次，等他夠大了，可以撐過3小時不喝奶，便可以在你設定的起床和就寢時間之間安排餵奶的作息。

就像睡眠訓練、小睡和同睡問題一樣，餵食也是育兒和兒科社群的熱門話題，依嬰兒需求餵食，或是依作息時間餵食，哪種方式比較好一直爭論不休。我雖然不建議對新兒生實行嚴格的時間表，但值得注意的是，住在新生兒加護病房的早產兒要到身體夠成熟了才能回家，在他們完全長成前，每3小時要餵奶一次，視他們的體重而定。在家裡，新生兒每天每2小時餵奶一次，到2個月大時通常可以延長到每3小時一次。

嬰兒早上通常比晚上疲累，早上醒來後很快就會進入第一次小睡。餵食時間和小睡時間越能固定，你和寶寶就越輕鬆。

到了晚上，寶寶通常比較餓，餵奶的頻率較高，非常小的嬰兒可能需要不斷哺乳，稱爲密集餵哺。密集餵哺很有用，因爲將他們餵飽，可以讓他們睡更久（見第133頁）。

你怎麼知道哪種時間表適合你的寶寶？只要嬰兒體重恢復到他們的出生體重，哺乳時間就可以間隔2小時以上，這間隔會緩慢增加，如果你看到寶寶在餵奶後2小時還是一直很開心，或是還在睡，可以將間隔延長到2小時15分鐘，或是2.5小時。如果可以的話，將餵奶的時間固定下來，嬰兒會讓你知道他可以接受更長的哺乳間隔。請見第125頁的表格，找到不同年齡嬰兒的時間範例。我家的兩個孩子幾乎都是實行這樣的時間表。

只要嬰兒體重恢復到他們的出生體重，哺乳時間就可以間隔2小時以上。

寶寶成功睡眠的故事：新生兒的時間表

記得第79頁和第108頁的蘿拉和羅根嗎？蘿拉第一次來找我的時候，羅根才一個月大，從羅根出生後，蘿拉就幾乎沒時間睡覺，她實在累壞了。更糟的是，她根本分不清日夜了；雖然有幾個晚上羅根能連睡4小時，但他每30分鐘就起床哭泣，讓日夜變得十分模糊。

一開始，我幫助蘿拉建立作息。她希望早上7點起床，而她需要睡8個小時才覺得足夠，因為羅根夜晚頻繁地起床，我們需要為夜間模式增加緩衝時間，這樣蘿拉晚上才能有充足的睡眠。我們將羅根的就寢時間定在晚上10點，起床時間為早上8點，其間要嚴格執行夜間模式。早上額外的1小時可以幫助蘿拉睡久一點，補足晚上損失的睡眠。就寢時間是晚上10點，因為那時候羅根可以睡得最久，也就是4小時。這時候蘿拉也要趕快睡覺，如此就能在他醒來前睡滿4小時。羅根這個年齡不該限制他的小睡；然而，我建議蘿拉白天不要將羅根裹起來，小睡時房間也不能太暗，她也不能用白噪音，環境也不能太安靜。我們希望羅根白天能適量的睡覺，這樣他才不會太累，但又要累積足夠的睡眠壓力，晚上才可以睡久一些。我告訴蘿拉可以依羅根的成長檢視寶寶睡眠表（第62頁），開始限制他的小睡時間，如果超過了建議的小睡時間，可以溫柔地叫醒他。建立睡眠時間表對母親和嬰兒而言都有極大的幫助——蘿拉說她的睡眠時間更長了，生活也更像從前。

為什麼要固定小睡時間？

固定小睡時間的優點是什麼，讓寶寶想睡就睡又有什麼好處？缺乏固定時間會給嬰兒和父母帶來困擾，寶寶在白天的某些時間會感覺疲累，但如果你不幫助他認識疲倦，在可以預測的時間將他放到床上，他會鬧好幾個小時，不知道該怎麼做。有時候他會累到直接睡著，有時候不會，你面對的就是個不開心的嬰兒。固定小睡時間，幫助嬰兒規律一天的時間比較好，如此嬰兒的生活不會有什麼意外，他也會學習到自己疲累時需要睡覺。

科學家相信寶寶的睡眠壓力上升得比大人快（見第59頁「睡眠壓力讓我們

想睡覺」），這解釋了他們睡覺的頻率為什麼這麼高。這很符合我們的觀察，新生兒醒來的時候都是為了喝奶，喝飽很快就睡著，等嬰兒長大一些，他更能保持警覺，更能理解環境，也更能與環境互動，小睡的間隔也會拉得更長。

如果你準備好固定餵食時間，自然也能固定小睡時間，新生兒的小睡間隔很接近，他們幾乎一直在睡覺，醒來只為了喝奶。幾天後，每次喝完後也可以保持清醒一段時間，如果間隔接近2個小時，你可以在哄他睡覺或餵食之前陪他玩，以加強這個模式。

父母經常覺得應該在小睡之後馬上餵食，特別是新生兒每2小時就需要餵一次奶。但等寶寶長大之後就不一定如此，在嬰兒小睡之前、之後或之間餵奶都無所謂，唯一應該在睡前進食的時間是就寢時間，因為嬰兒吃飽可以平靜下來，讓他進入夜間睡眠。白天的小睡和餵食可以分開，因為睡眠需求和飢餓並不相關。

舉例來說，3個月大的嬰兒小睡之間可以清醒2小時到2.5小時，但他們可以每3到3.5小時才喝一次奶。此外，白天的小睡間隔會增加，而餵食間隔縮短。

嬰兒在早上最累，隨著時間的流逝，小睡之間的清醒時間會越來越長。相反，嬰兒往往在晚上更加飢餓，餵食的頻率更高。因此，不一定在小睡的開始或結束時餵食。不同月齡的嬰兒作息表範例請見第125頁的圖表。

為了避免落入持續哺乳的人體奶嘴陷阱（見第135頁），如果可能的話要請求外援，爸爸、祖父母、朋友、保母都可以在小睡時間時帶寶寶出去散步，寶寶這時不用哺乳也可以睡著，如果每天同一時間都是如此，就能增強這個特定的小睡時間。

寶寶成功睡眠故事：5個月大嬰兒的時間表

凱蒂來找我幫忙，她有個5個月大的寶寶艾娃。艾娃出生時約2500公克，5個月大時重達5440公克，她沒有辦法一覺到天亮，都會醒來好幾次；而且她早上5點就醒來，這對她父母而言太早了。她的就寢時間從晚上6點15分開始，爸媽通常會搖搖她入睡。艾娃晚上11點和早上3點各醒一次，凱蒂通常會餵她喝奶，好讓她繼續睡覺。凱蒂說，艾娃的睡眠十分混亂，可以連睡8小時的情況非常罕見，艾娃小睡時間也很隨興，平均來說，艾娃一天會小睡3到4次，總睡眠時間約3到4小時。

我們有很多方法可以改善艾娃在夜間的睡眠。首先，我幫助凱蒂調整艾娃的房間，安裝了紅光燈泡和遮光窗簾好幫助睡眠，然後固定艾娃的小睡和餵食時間。凱蒂檢視寶寶睡眠表（第62頁），我們一起擬定了時間表，這套作息對大家都有效。

根據這張表，5個月大的嬰兒夜晚平均睡眠時間是10.5小時，這表示如果想在早上7點起床，就寢時間不應該早於晚上8點半——艾娃晚上6點15分就睡覺實在太早了。小嬰兒在夜晚一開始會有一段比較長的睡眠，那段時間要接近你自己的就寢時間，如此你才可以有適當的睡眠。凱蒂擬了一套就寢活動，從晚上8點開始，內容包括沐浴、讀書、唱歌，然後哺乳。我向凱蒂解釋，為什麼趁寶寶醒著就放到嬰兒床很重要，而不是哺乳到讓她睡覺，因為這可以幫助她學習自我安撫。

除了這些改變外，凱蒂和我還擬了一套小睡時間表。大多數5個月大的嬰兒白天約睡2.5小時，一天從3次小睡變成2次小睡。我們慢慢改變艾娃的小睡時間為3次，早上睡45分鐘，午餐後睡1小時，下午睡45分鐘。如果她睡太久，叫醒艾娃也沒關係。如果她有點鬧脾氣，她的父母可以用玩具讓她分心，或是凱蒂也可以餵一些奶，讓她平靜下來。

這些改變對凱蒂和艾娃而言都帶來極大的突破，後來我們又進行了溫和睡眠訓練（見第164頁），沒過多久，艾娃的睡眠大幅改善，全家也能得到所需要的休息。

夜晚的密集餵哺

晚上7點到就寢時間之間，寶寶不太會想睡覺，這沒關係，因爲一段時間的清醒後，夜晚就能睡得比較沉。嬰兒在「半夜三更」很難哄騙，是因爲他們累積了一天的疲累，睡眠科學家其實認爲寶寶晚上脾氣不好的理由，是因爲他們的睡眠節律還未成熟。身爲成人，我們通常可以維持合理的清醒，直到我們突然覺得非常疲憊，變得非常睏倦。對寶寶來說，越到夜晚，即使還沒到睡覺時間，睡眠壓力也已經很高，因此他們在就寢之前會特別愛胡鬧。他們經常特別需要注意和安撫，這會讓大人很崩潰。他們也需要更頻繁的哺乳，甚至是密集餵哺，好爲長時間的睡眠做準備。

許多父母發現他們在這時候會精疲力竭，這可能是因爲他們想一次解決所有問題，繼續閱讀這本書，裡面有些好方法，能減少這樣的煩惱，並在這段巫婆時間中安撫你的寶寶。你們也要知道，在這段難以取悅的時間之後，就是就寢作息，寶寶將開始他最長的睡眠時間。

人體奶嘴陷阱

對哺乳的母親而言，看到孩子哭鬧卻不餵奶是很難受的事，因爲這是讓他安靜下來最簡單的方法。這種方法的問題在於它會導致無止盡的哺乳，寶寶也會習慣能隨時獲得母乳，如果太常哺乳，寶寶就不會吃飽，而是一次只吃一點，很快就又餓了。這對父母或孩子而言都是很累人的事，所以試著固定哺乳時間，沒到時間不要餵奶，或許是離上次哺乳2小時、2.5小時或3小時，視你們的作息而定。記得新生兒需要每2小時餵一次，而嬰兒在就寢時間前的密集餵哺，也就是嬰兒最愛鬧脾氣的時候，你可能希望多餵幾次奶（請參閱第125頁的時間表範例）。

我發現莉亞和諾亞在鬧脾氣的時候，很難不採取哺乳的方法，除非有保母的幫忙，還有當我回到工作崗位時，才打破這種持續哺乳的習慣。因此，如果可能的話，尋求外援——請你的伴侶、家庭成員或是保母照顧小孩。

如果你的寶寶在喝奶或小睡時間前鬧脾氣，可以用其他方法安撫他，例如抱著搖搖他，或是將他放在嬰兒車裡去散步，和他在地板上玩，幫他洗澡，唱歌或是放音樂給他聽。除了打造餵食和睡眠的時間表，擬定計畫也有幫助，也就是：每天晚上5點做些俯臥運動，6點去散步，7點聽音樂（見第9章）。這樣安排生活聽來很困難，但對你和嬰兒都有幫助：你知道接下來要做什麼，寶寶也能培養習慣；以時間生物學的用語來說，就是你可以同步特定時間發生特定事件，這可以幫助他適應感覺疲倦卻又還沒累到想睡覺時的不適感。

如果寶寶鬧脾氣，又到了睡覺時間，可以使用第96頁討論的搖晃、襁褓、電動搖籃或其他睡眠輔助工具，幫助孩子入睡。再說一次，同一個小睡時間要使用同樣的輔助工具，爲你和孩子創造固定作息。

寶寶成功睡眠的故事：人體奶嘴陷阱

娜塔莉亞媽媽和阿米爾爸爸很絕望無助，他們6個月大的兒子盧卡斯是個快樂的嬰兒，只是晚上睡覺時就變了樣。最大的問題是除非媽媽躺在盧卡斯身邊哺乳，否則他不睡覺，這有效地讓娜塔莉亞變成人體奶嘴。如果她移動身體，讓盧卡斯吸不到母乳，20分鐘後，他便會清醒叫媽媽回來，這種狀況太累人了。小睡也很困難，如果爸媽沒推動搖籃，盧卡斯就睡不著；如果讓他自己待在嬰兒床裡，無論是白天或夜晚，他會立刻開始尖叫。

為了擺脫人體奶嘴陷阱，我帶著娜塔莉亞和阿米爾進行基本的寶寶熟睡法。他們將盧卡斯搬到另一個房間，安裝了遮光窗簾和紅光燈，然後我們擬定他的睡眠時間。他過去都在早上7點和7點半間起床，一天小睡三次，每次1小時，晚上7點就寢。我們將他的小睡時間限制在2.5小時，將就寢時間改到晚上8點半（見第144頁）。

打破這個模式最困難之處在於讓他睡過一夜。我們需要重新訓練盧卡斯接受自己睡覺，學會自我安撫，而不是靠父母的安撫入睡。這一點真的很難，特別是對6個月大的嬰兒來說，在這個年齡，他還記得媽媽就躺在他身邊入睡是多麼美好的感覺，他會抗議，但他的父母必須忍受。我向娜塔莉亞和阿米爾說明溫和睡眠訓練法（見第164頁）背後的科學，我們也擬定計畫，晚上哺乳的間隔一定要超過4小時。

2週後，我再去見娜塔莉亞和阿爾米，他們坦承睡眠訓練並不順利，他們的公寓有地方在施工，因此兩個孩子都睡在父母房間，無法展開溫和睡眠訓練法。經過一個月、許多個無眠的夜晚，娜塔莉亞鼓足施行計畫的力量，他們將寶寶送出他們的臥室，盧卡斯晚上哭泣時，娜塔莉亞也不再哺乳。兩夜過後，奇蹟發生了：盧卡斯有時候還是會醒來哭喊，他的睡眠從每小時醒一次，到每4、5個小時醒一次，有時候他甚至會自己回頭繼續睡。耶！

第9章 作息

像是晚上睡覺這類行爲，想讓它們固定時間最簡單的方法是擬定作息，每天會重複的作息。嬰兒和成年人的成長依賴於每天不變的行爲順序，或許從你自己的經驗就能知道：知道接下來會發生什麼是令人愉快和放心的感覺，早上起床，淋浴、刷牙、換衣服、喝咖啡，期待這一連串的事件讓人覺得安心。對嬰兒來說也是一樣，知道接下來會發生什麼事，可以讓他們更加安穩、更快樂。

就寢作息

最重要的任務是建立就寢作息，然後堅持執行，**每一天**。每晚將寶寶放進嬰兒床前，都要做出一系列的事，這些事可能像這樣：

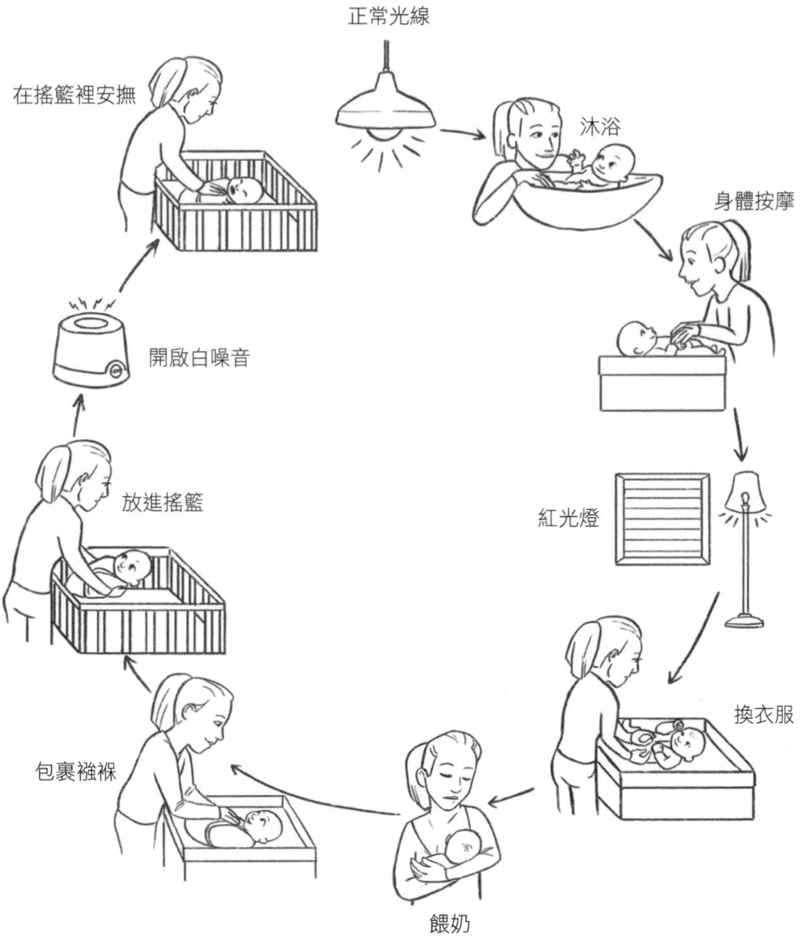

就寢作息

每晚睡前作息固定，可幫助嬰兒進入睡眠狀態。你不必採用建議的每個項目，甚至可進行其他活動，如讀書或唱歌，重要的是每晚要做同樣的事，唯一改變的項目是燈光：夜間模式一旦開始，嬰兒房就要保持黑暗，使用遮光窗簾，並且整晚都只能用紅光燈。

前夜晚模式

・幫寶寶按摩
・爲寶寶沐浴
・帶寶寶到嬰兒房

夜晚模式

・從現在開始，不要大聲說話，只能小聲低語，告訴寶寶他累了，現在該睡覺了。
・先將臥室／嬰兒房，以及換尿布的區域準備好，拉上窗簾、關燈、打開紅光燈泡，再帶寶寶進去。
・幫寶寶換尿布。
・哺乳或用奶瓶餵奶。
・用襁褓將嬰兒包起來（通常在餵完一邊奶之後，將嬰兒裹好，再餵另一邊奶，因爲這樣他們吃飽後就可以放到嬰兒床上）。

．將寶寶放到嬰兒床上。

．打開白噪音。

．如果寶寶哭泣，可以搖搖他的搖籃，或是拍拍睡在嬰兒床裡的他，盡量不要將他抱起，如果他靜不下來，你不得不抱他時，避免哺乳或餵食。

夜間時刻

．沒到餵食時間前，不要再哺乳或餵食。

．在臥室中固定的位置哺乳或餵食，繼續包著襁褓，而且不要說話，房間維持安靜黑暗，只能開紅光燈。

．如果寶寶超過4個月大，體重超過5公斤，可嘗試溫和睡眠訓練（見第164頁）。

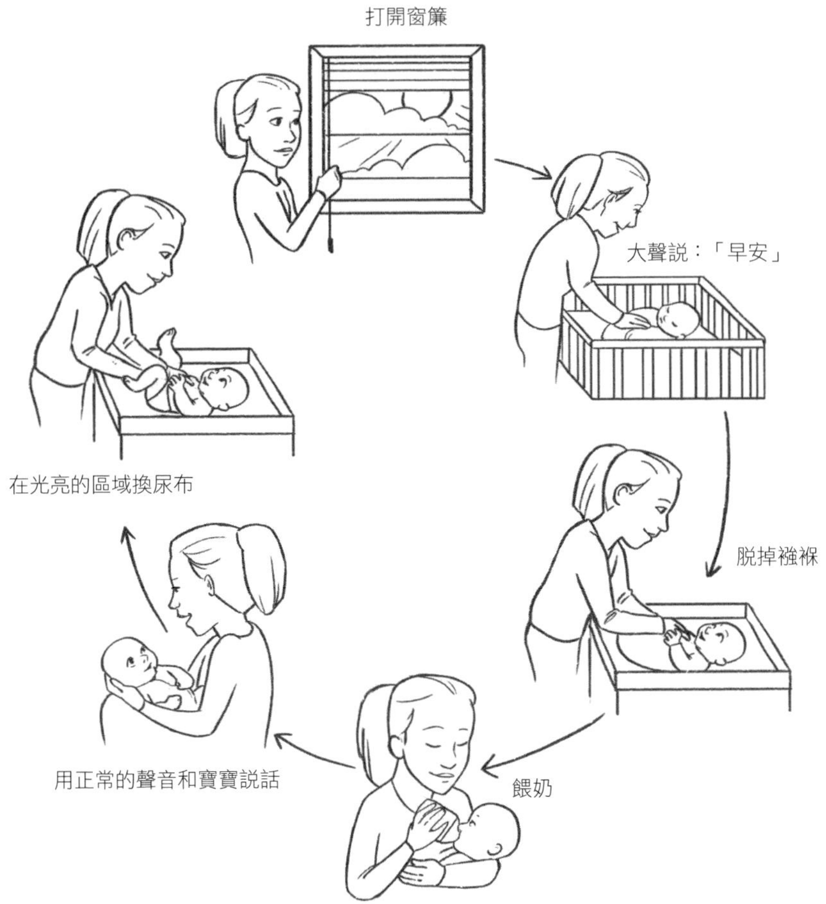
打開窗簾
大聲說：「早安」
脫掉襁褓
餵奶
用正常的聲音和寶寶說話
在光亮的區域換尿布

早晨的作息

每天早上在預定的起床時間，走進嬰兒房、打開窗簾、大聲地說句「早安」，接著脫掉嬰兒的襁褓、餵奶、換尿布，過程中要用一般的日間語調和他說話，讓他清楚知道「一天開始了！」

第10章 小睡

在第6章已經講解過日間和夜間模式，我們如何利用夜間模式盡可能延長睡眠時間。白天要做的事則恰恰相反，是的，小睡是必要的，但我們不希望嬰兒整天都在小睡。

那麼嬰兒的小睡時間應該多長，多久是太久呢？定時讓嬰兒小睡和餵食可以讓你的生活更有規律，也可以讓嬰兒更穩定，更快樂（父母也是！）維持清楚的日間和夜間模式，可以幫助寶寶學習晚上是用來睡覺的，白天是用來小睡的。頭幾個月的嬰兒夜晚可能會醒來喝奶，但不太需要安撫，很快就會再睡著。這些都是重要的成就，但是夜間餵食無論多麼短暫和輕鬆，對必須起床的父母（通常是母親，特別是哺乳中的母親）仍然構成挑戰。在母親睡眠的前幾個小時得起床餵奶，更是影響復元所需的睡眠。最好的作法是限制白天的小睡時間，並在適當的時候開始溫和睡眠訓練。

嬰兒有每日總睡眠量，隨著年齡增長會穩定地減少，想更好地了解自己寶寶的睡眠模式，可以開始記錄他的睡眠，你可以使用老式的紙筆記錄，智慧型手機也有許多寶寶追蹤應用程式，只要你了解他的規律，再與第62頁的表比較，就知道自己的嬰兒是否睡得太久，或是晚上太早上床睡覺？如果是這樣的話，可依此調整小睡和就寢時間。記錄嬰兒睡眠之外，你也可以使用 Kulala 嬰兒睡眠 app（見第267頁），爲寶寶量身制定時間表。

有時候父母會感覺困惑，因爲他們的寶寶並不完全符合這張表：他睡得比同齡嬰兒少。那是什麼意思？那表示你的寶寶在睡眠發育上超過進度，表中列的是全球的睡眠時間平均值，大多數嬰兒都能符合那些模式，然而，有些嬰兒需要更多睡眠，有些較少，好消息是，不管你的孩子起始點在哪裡，整體的趨勢是一樣的：新生兒睡得很多，年齡越大睡得越少。

如果你的孩子睡得比平均值少，只要對照表上年齡較大的嬰兒睡眠值，從下一個年齡層開始，一個個比對，直到找到符合的年齡層。使用那個年齡當參照點，決定夜間和日間睡眠的長度。舉例來說，你6個月大的寶寶每天只睡12.5小時，小睡時間只有2小時，相對來說，表上說6個月大的嬰兒總睡眠時間是13小時，小睡時間是2.5小時。你的寶寶睡眠進度領先，因此以你寶寶的總睡眠時間找到對應的年齡層，也就是12個月大的嬰兒。12個月大的嬰兒晚上睡11個小時，白天睡1.5小時，所以試著利用那些數字爲寶寶制定時間表。這表示寶寶白天需要減少1小時的睡眠，夜間睡眠才能從10小時增加到11小時。

減少日間睡眠時間

睡眠對嬰兒很重要，寶寶睡得夠不夠，有沒有在正確的時間睡覺，都讓父母感覺非常焦慮。事實上，對於小睡的常見誤解會妨礙有效的睡眠訓練，使情況更加複雜，例如：

- 睡眠導致睡眠：寶寶白天需要大量睡眠，晚上才能睡得好。
- 我們需要盡一切力量讓寶寶的小睡時間越久越好。
- 別吵醒睡著的寶寶。

事實上，這些想法在科學上都是錯的，採用這些方法會讓你的寶寶更難一覺到天亮。研究顯示，對幼兒而言，白天睡眠的時間和夜間睡眠成反比。這表示過多的小睡會導致夜晚無眠。

研究顯示，對幼兒而言，白天睡眠的時間和夜間睡眠成反比。這表示過多的小睡會導致夜晚無眠。

我曾因此得到教訓。莉亞出生時，有人教我們夫妻用襁褓將孩子包起來，她哭泣的時候能因此冷靜下來，看到她因此得到安撫，我們幾乎一直使用襁褓，前6個禮拜裡，小睡時間和晚上睡眠時都會裹著襁褓，我們原本很慶幸莉亞晚上能睡6到7小時，但從她2週大開始，晚上讓她睡覺成了惡夢。大約晚上9點，我一將她放到床上，她就開始哭，我得把她抱起來，放在懷裡搖一搖，等她冷靜下來，似乎快睡著時，我才將她放回嬰兒床裡，但她一碰到嬰兒床，又開始歇斯底里地哭，我不得不再把她抱起來，在懷裡搖一搖。這種過程可以維持3個多小時，一連3週，每晚皆是如此。

等她大約5週大的某一天，我想到一個辦法。白天我不再裹住她，這表示她白天沒那麼容易小睡了，同時表示如果她累了開始胡鬧，我必須花更多時間安撫她，幫助她在白天入睡。重要的是，這代表她午睡時會更早醒來，小睡時間變短，因爲她舞動的手臂和睡眠時的震顫會讓她驚醒。結果呢？晚上她不哭就能睡著，那3小時的哭聲永遠消失了。襁褓讓她白天睡得太多，也讓她在晚上就寢時間時不夠疲累——她的睡眠壓力太低了。我在白天小睡時放棄的，在晚上都得補回來。似乎是個不錯的交易！

在育兒諮詢社群裡，白天小睡是一個很大的爭論點。有人警告新手父母千萬不要吵醒正在睡覺的寶寶，許多母親對小睡的作法都很困惑，小睡到底會不會影響嬰兒夜間的睡眠？科學對此有明確的解答。我們夜間睡眠的長短取決於我們的睡眠壓力，而睡眠，特別是小睡會降低睡眠壓力。假設你沒有睡眠不足，如果白天小睡2個小時，晚上就不會感到疲倦，就寢時就可能無法入睡。長時間的小睡會降低你的睡眠壓力，研究表明，小孩子的小睡次數、小睡時間和夜間睡眠存在明顯的關係。

嬰兒如果白天睡得較多，晚上會睡得較晚，夜間也會睡得較少。

嬰兒如果白天睡得較多，晚上會較晚就寢，夜間睡眠也會比較短。這是很合邏輯的，對你的寶寶而言，這意味著你或許要限制他的日間小睡。當然，這不是父母想聽到的，因爲父母只有在嬰兒小睡時才有時間做其他事，不管是洗澡、吃飯、做雜務，或是自己也小睡一下。我不會說謊，時至今日，我一直討厭讓嬰兒從幸福的睡眠中醒來（而我不得不忍受第一個保母的苛責，她一直認爲不讓莉亞睡覺是不健康的）。選擇權在你：讓他們白天睡覺，晚上醒著；或是反過來。我想你們會選擇後者，如此的話，解答非常清楚：減少他們的小睡時間！

在你們開始睡眠訓練之前，縮短小睡也很重要，如果寶寶的夜間睡眠時間超過睡眠需求，則睡眠訓練將不起作用或非常困難。因此，重要的是釐清嬰兒晚上能睡幾小時，以及如何讓寶寶白天盡量保持清醒，縮短小睡時間，然後再減少夜間餵食時間。

選擇權在你：讓他們白天睡覺，晚上醒著；或是反過來。

如何縮短日間小睡

檢視寶寶睡眠表（第62頁），比較表上的數字和寶寶的情況，如果他白天睡得太多，就要縮短小睡時間，如此白天總睡眠量才能符合表上所寫。你不必太過激進，但是如果你擬定的時間表中安排了三次2小時小睡，可是表上寫著白天小睡時間應該只有5小時，你總共需要減少1小時的小睡，或是每次小睡減少20分鐘。只要減去足夠的小睡，晚上寶寶會更加疲倦，有助於讓他睡得更久。

如何減少他們的小睡時間呢？最簡單的方法是減少第7章建議的睡眠輔助

（見第96頁）。如果你晚上使用襁褓和白噪音，晚上就不要使用。

如果你使用電動搖籃，等小睡時間結束後，將搖籃關掉，以防嬰兒搖晃到不想起床。如果他睡在嬰兒車裡，推車的動作會讓他想睡，就別再推著嬰兒車帶他散步。如果寶寶喜歡趴著睡，時間到了就將他翻過來躺著（如第92頁所述，美國兒科學會告誡不要趴著睡覺）。如果做了這些改變，寶寶還是一直睡覺，直接將他抱起，別怕吵醒他。在這種情況下，讓熟睡的嬰兒躺著並不是一個好建議，如果吵醒他也沒關係，他晚上可能會睡得更好。如果寶寶被吵醒後鬧脾氣，快速分散注意力的好方法是餵奶，或是讓他看有趣的東西，例如玩具或窗外。

縮短日間睡眠還可以延長寶寶小睡間清醒的時間。如果你縮短小睡長度，嬰兒比以前更早從小睡中醒來，在下次小睡時間開始之前，他或許會更早覺得疲倦，試著和嬰兒玩，溫和地延長小睡的間隔。記得，清醒的時間長一些，例如長30或45分鐘，是沒有關係的。當然，如果你覺得寶寶累翻了，需要小睡，就將他放到床上吧。

如果你的寶寶已經照表小睡，但離就寢時間還差3個小時，該怎麼辦呢？

傍晚讓寶寶第4次小睡也沒關係，特別是當他年齡太小，清醒的時間無法太長（時間表範例見第125頁），但別讓他睡得太久，通常30到40分鐘就夠了。

寶寶成功睡眠故事：縮短小睡

安柏媽媽想幫助3個月大的寶寶梅森睡覺，因為他的夜間睡眠很混亂：有時候他可以連睡6小時，有一次甚至睡了7小時，但有時候睡了1.5小時就醒來吵著喝奶。然而，他那些時候看來都不是非常餓，常常喝到一半就睡著了。白天他的小睡時間約4.5小時。

除了對嬰兒房的照明做出重要的改變，以幫助梅森養成更好的睡眠時間表外，還必須將他的小睡時間縮短到3.5小時，即是該年齡兒童的平均時間。我們將四次小睡改為三次，分別為1小時、1.5小時和1小時。

安柏幾天後打電話給我，高興地說梅森的睡眠幾乎在一夜之間得到改善，現在他大部分晚上都可以睡6個小時。

根據經驗，嘗試將白天的睡眠時間減少20%，看看是否對夜間睡眠有幫助。嚴密監控寶寶白天和晚上對這些改變的反應，你需要找出最適合、最短的日間小睡時間，但還能讓孩子快樂，儘管他們偶爾會因爲累而發脾氣。如果一開始看見情況有所改善，但過一陣子他的睡眠又變糟了，你可以再次減少日間睡眠的時間。監視寶寶的睡眠、調整小睡的長度及次數，是一個持續的過程，因爲他的總日間睡眠需要逐漸減少，要想在晚上睡覺，白天就得少睡點。持續參照寶寶睡眠表（第62頁），將嬰兒的總睡眠時間和白天睡眠時間與同年齡段進行比較，並進行相應調整。另一個工具是利用 **Kulala** 寶寶睡眠 app，它能以本書所說的方法爲嬰兒客製時間表；詳細資訊見第267頁。

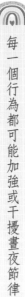

第11章 重複性及彈性

各位已經了解每一個行爲都可能加強或干擾晝夜節律，清楚這一點非常重要，因爲寶寶在制定的時間外表現出想睡覺、想起床或想喝奶時，很難繼續照表操課，但堅持下去更是重要。記住，屈服不僅是一次性事件，而是會讓整艘船開往錯誤方向，令寶寶更難好好地整夜好眠。

> 每一個行為都可能加強或干擾晝夜節律。

在睡眠訓練的困難階段，這項認識對我的幫助最大：任何例外、任何偏離制定時間表的事都能削弱嬰兒的節律，讓他走上另一種不適用於我們的節奏。只要明白這一點，你就可以堅持就寢和起床時間，以及所有和這些作息相關的例行活動。研究支持每天的行程變化越小，對我們的健康越有幫助，對寶寶的睡眠也一樣。二〇〇九年，一項由美國不同研究機構（包括布朗大學和密西根大學）的研究人員所進行的全國民意測驗發現，比起同一時間上床睡覺的兒童，就寢時間不一致的兒童夜間睡眠較差。此外，減少嬰兒啼哭最成功的介入方法，是創造每日餵食和睡眠的固定作息。

你不僅需要嚴格遵循日夜模式，以及每天的餵食和睡眠時間，你自己的作息也需要和寶寶保持一致，遵循適合他的時間表。如果有什麼安排一直無法順利進行，就要試著調整它。如我在本書一開始所說，相信你的直覺。寶寶熟睡法的每個步驟都可以調整，你的寶寶不斷長大變化，他的小身體會突然長大、會長牙痛，還會發生其他事件和過程，需要不斷觀察，因爲這些因素都會影響所需的睡眠量。

你可以依兩個總體趨勢行事：隨著嬰兒成長，餵養的頻率會降低，因此晚上的睡眠時間可以拉長，他24小時的總睡眠需求也會減少。調整就寢時間、小睡時間及餵食時間時，要記住這兩個趨勢。請放心，因爲嬰兒的生理狀況，也就是他的晝夜節律和睡眠壓力，強化的模式和固定時間重複的作息一定能發揮作用。本書中我分享了睡眠和餵食的時間表範例（見第125頁），但你可能會找到更適合你、寶寶和家人的時間安排，那樣也非常好，選擇最適合你們的，只要每天同一時間做同一件事，你的寶寶就能培養出作息。

隨著嬰兒成長，餵養的頻率會降低，因此晚上的睡眠時間可以拉長，他24小時的總睡眠需求也會減少。

寶寶熟睡法的力量在於因你實施嚴格的時間，使節律強化，寶寶反而會對環境和作息的改變更有彈性，他會學到什麼時候該吃飯、什麼時候要睡覺、什麼時候要玩耍。如果有一天他的作息出現變化，例如你因爲外出而讓他晚一點就寢，他也不會有問題。寶寶會知道他因爲就寢時間到了才鬧脾氣，而不會因爲無法滿足的疲倦感而哭到難以安撫。你甚至可以向他解釋，他累了，很快就要睡覺了，他可以快一點冷靜下來，因爲他知道這是眞的，畢竟每天晚上都是這麼做的。

在生理學上，強烈的節律因爲能預期定期發生的事件，可以有效地組織嬰兒的身體功能和行爲，你的寶寶在心理上或生理上都能預期起床時間、餵食時間、玩樂時間、就寢時間等，他不必費力對環境做出反應，因為他的節律和生理時間已經為接下來發生的事做好準備。這種內在結構也為寶寶作息中的特殊改變留下空間，無論是早點吃午餐、新的保母或因旅行而使用不同的嬰兒床。在我的睡眠輔導經驗中，建立穩固的節律有強烈的組織和安撫效果，不只是對寶寶的生理，對其心理也一樣，他更能適應變化，且在過程中相對鎮定。

創造理想的睡眠和小睡時間表

關鍵點

- 依據自己理想的就寢和起床時間，為寶寶建立睡眠作息。
- 確認寶寶白天沒有睡得太多，這樣晚上才睡得好。
- 作息會同步寶寶的節律，讓改變更加容易。
- 寶寶成長時，需要的睡眠時間會減短；定期調整睡眠時間表，以符合他的成長及新的睡眠需求。

PART 4

第三步：教導寶寶一覺到天亮

現在各位已經知道生理時鐘的力量，以及早晨的藍光如何影響生理時鐘，喚醒你的同時也抑制了褪黑激素。你知道夜間模式要使用紅光燈，直到該醒來的時候，而作為父母的你則要設定醒來的時間。你也知道總睡眠時數，以及小睡對夜間睡眠有什麼負面影響，它可以用一條簡單的規則說明：別讓寶寶小睡太久，遵循寶寶睡眠表（第62頁），決定寶寶白天睡眠的時間長度，以及晚上何時該讓他上床睡覺。

現在你已經了解基本知識，我們準備好解決最後一關：在晚上不餵奶，寶寶也不夜哭的情況下，幫助寶寶一覺到天亮的睡眠訓練。

第12章 準備就緒的跡象

寶寶3、4個月大，或是體重達到5公斤，晚上可以睡得比較久的時候（6小時以上），便可以開始睡眠訓練。這表示夜間將不再餵食，直到寶寶可以在晚間連睡6至8小時，如果他醒來哭泣，他也可以自我安撫並繼續睡覺，而不需要父母的協助或餵食。除了年齡之外，你也可以尋找下列「準備就緒的跡象」。

寶寶的體重超過5公斤

芭芭拉．葛蘭帶領一群紐西蘭的研究者發現，2個月大的嬰兒晚上可以睡超過5個小時，這樣的睡眠長度與約5公斤的體重相關。海洛帝（Heraghty）及其同事在二〇〇八年的研究表明，早產兒和低出生體重的嬰兒需要更長的時間才能形成成熟的睡眠方式。大多數醫生和研究者皆說，嬰兒的體重若到達5公斤，生理上一般可以在夜晚連續睡眠5小時以上。

嬰兒的夜間睡眠很混亂

如果寶寶晚上第一次連續睡眠時間每晚都不相同，例如一晚3小時，另一晚6小時，他可能是在告訴你，他**不再需要**每3小時喝奶一次。但這不表示他不想要！

寶寶一次可以睡得更久

如果寶寶晚上可以睡得久一點，例如6小時，他已經向你證明，他其實可以長時間不需要餵食。晚上進行睡眠訓練時，請提醒自己這一點。

寶寶看來不餓

如果寶寶哭著找你，但很快地就不想再喝奶，這表示他沒那麼餓，喝奶的安撫作用大於止飢。如果你哺餵母乳，他或許不想要喝另一邊的母乳；如果是瓶餵，他或許會喝不完一瓶奶。

寶寶成功睡眠的故事：溫和睡眠訓練中的準備就緒跡象

我曾經輔導史凱兒和她的寶寶亨利，當時他12週大。3個月大時，亨利寶寶已經表現出所有睡眠準備就緒的跡象：他晚上能睡超過6小時（有一次還睡到7小時），體重將近6公斤。史凱兒半夜再次餵奶時，離他上次喝奶不到6小時，他似乎不餓，餵奶只是為了安撫。

是時候開始溫和睡眠訓練了。我建議史凱兒在就寢餵奶後5小時內，都不要再餵奶，不管他有沒有醒來。為什麼是5小時？我建議你可以先找出嬰兒的最長睡眠時間，這段時長至少要發生過兩次，而不餵奶的時間要比這個時間短1小時；在這個案例中，6小時減去1小時，就是5個小時。

然後我告訴史凱兒，如果亨利開始哭泣，等90秒後再進入亨利的房間。如果亨利在下一次餵奶時間前醒來，為了忍住不要餵奶，我建議由她先生安撫亨利，如此亨利也不會預期可以喝奶。一開始的睡眠訓練可能很困難，所以夫妻輪流會有幫助。如果依規律進行，在亨利寶寶這個年齡而言，溫和睡眠訓練法幾乎能馬上生效，一、兩晚就能成功。

即使你的寶寶晚上還不能連續長時間睡眠，大多數嬰兒大約到了4個月後，在生理上都可以睡至少6個小時。到了這個年齡，寶寶或許會尋找牛奶或母乳的安慰，不管是父親或母親餵奶，但他其實**不需要**食物或安慰，你要知道這一點！

只要你看到這些準備就緒的跡象，或是寶寶已經4個月大，就可以開始睡眠訓練。的確，這是整個計畫中最困難的部分，但我盡可能用一種溫和的方式，只需要幾個晚上就好。記住，讓你的寶寶哭幾分鐘沒關係。

第13章 溫和睡眠訓練

以下是計畫的簡單四步驟：

第一步：依需求調整小睡時間。檢視第62頁的寶寶睡眠表，看看你的寶寶是否比同年齡的嬰兒睡得更頻繁或更久，若是如此，請依循第10章的方式，溫和地增加寶寶在白天的清醒時間。如果總日間睡眠時數似乎符合同齡標準，你還是要稍微減少日間小睡，如此可以讓嬰兒在夜間更加疲累，大幅減少睡眠訓練時的夜哭可能。

第二步：遵循你的就寢作息及時間安排。開始實施夜間模式，打開紅光燈，在嬰兒就寢前30分鐘餵奶，告訴他是睡覺的時候了。

第三步：與自己達成協議並製定計畫。你要等多久再去餵奶？你會讓寶寶哭多久？設定不餵食時間，這段時間要比你寶寶的最長睡眠時間少1小時。記得，這得是一個合理的目標，因爲延後夜間餵奶並不容易。不要用哺乳的方式安撫小孩，理想上也別將他抱起來。哺乳的母親應該請伴侶（或家庭成員）協助處理嬰兒夜間醒來的問題，你的寶寶看到你先生或伴侶時，不會想到喝奶；如果伴侶拒絕，你可以向他保證，這只需要幾晚的訓練。記得，如〈前言〉和第18章中所述，父母對嬰兒的神經反應較強，因此，一起進行將有助於你們雙方克服睡眠訓練的壓力。

第四步：讓你的寶寶至少哭90秒。研究顯示等待1分鐘至90秒後，再去安撫寶寶，會對睡眠訓練產生很大的差異。即使這段時間並不長，它也能讓寶寶學習自我安撫（見第94頁）。如果你可以等更久一點，例如2分鐘，甚至5分鐘，會更好。有時，寶寶不是嚎啕大哭，只是稍微啜泣，如果是這樣的話，試著等他自己停止。再者，寶寶哭泣時，請你的伴侶進去安撫寶寶，但至少要等1到2分鐘。他可以輕聲安撫，或是輕拍寶寶，讓寶寶知道身邊有人，爸媽知道他的不開心，爸媽就在這裡，然後離開房間，等待另一個90秒（或更久）之後再進入。重複這個循環。通常需要3到4次的循環：等待→進入→摸肚皮輕聲安撫→達2分鐘→在寶寶重新睡著前離開房間。在寶寶重新睡著之前，這需要花費大約45分鐘，訓練的前兩晚可能更久，如果他又在非餵食時間之前醒來哭泣，便重複上述步驟，直到他再次睡著。（見第172頁「溫和睡眠訓練」圖示。）

如果寶寶睡著，並且睡過非餵食時間——完美！快樂地睡吧！你的寶寶學會自我安撫了，藉由重複這樣的動作，他也能很快就學會不在你的幫助下睡過一整夜。如果他下一次醒來已經超過你的非餵食時間，跟之前一樣等待90秒，但這次就可以餵奶了。他表現得非常出色，現在可以開始制定時間內的餵奶了。

第一次夜間餵奶後，無論是在時間規畫內或計畫外，寶寶的第二次睡眠都會比較短。同樣的，這次也要設定不餵奶時間，大約離上次餵奶3到4小時，你覺得適合的時間即可，並且遵循先前的模式：等待↓不抱起孩子的安撫↓等待↓不抱起孩子的安撫。

睡眠訓練的前幾晚很困難，你會感到精疲力竭，聽到孩子那樣哭泣也會令人非常煩躁，盡可能地請伴侶協助，給自己清楚的時間限制，例如：「我要等90秒再進去」，使用手錶或Kulala app（見第267頁）追蹤這段過程。即使你都這麼做了，還是可能必須投降，在不餵食時間結束前就進去哺乳或餵奶，沒關係，只要至少和就寢的餵奶時間相隔幾個小時，只要你讓他至少哭90秒才衝進房間。隨著你進行睡眠訓練的過程，你可以漸漸延長不餵食時間，一切會越來越容易。

我知道寶寶的哭聲令人心碎。嬰兒還沒有時間感，他們覺得不舒服時，就馬上需要你。他們一開始爲什麼覺得不舒服呢？他們都已經吃飽，換上乾淨的尿布了啊？寶寶爲什麼這麼常哭？簡短的答案是：我們也不完全確定。寶寶的心理尚未成熟，心理學家認爲他們只能透過回應他們需求的父母或照顧者感受一切。最大的問題是，我們在回應他們需求的同時，能不能也藉由教導他們一覺到天亮來照顧我們自己呢？我的回答是十分肯定的。溫和睡眠訓練法讓寶寶知道，即使他們哭了幾分鐘也沒關係，你會在那裡陪著他們，現在可以睡了，到下一次喝奶之前可以再睡一會兒。

寶寶成功睡眠故事：溫和睡眠訓練

瑪麗亞和她的伴侶快要累垮了，因為他們4個月大的寶寶詹姆士晚上幾乎都不睡覺。他還睡在父母的臥室，很難將他放到床上，得一直抱著他才能哄他入睡。睡著之後幾小時就會醒來一次，有幾晚甚至每20分鐘就醒來一次。不只如此，詹姆士還喜歡把半夜3點到5點當作「玩樂時間」，這是很不恰當的時間，但他的父母已經無計可施了。

我輔導瑪麗亞進行寶寶熟睡法。即使詹姆士只有4個月大，他的睡眠總時數和典型6個月大的嬰兒相仿：白天小睡2.5小時，晚上睡10個小時，問題在於瑪麗亞希望他早上7點起床，卻讓他晚上7點就睡覺，實在太早了，正因為這樣，他晚上才會醒來2個小時。我們設定起床時間為早上8點，並設定新的就寢時間為晚上9點半，這比原本的晚上7點晚得多，可能很難讓他一直保持清醒，所以我建議延長小睡之間的間隔，這樣他最後一次小睡就會在傍晚之前，藉此讓他適應新的就寢時間。同時，他的就寢前活動：洗澡、讀書、唱歌、餵奶，就可以從晚上8點半開始。如此父母和詹姆士要做的事都固定了時間，能讓他轉移到新的就寢時間。

詹姆士已經表現出所有睡眠訓練準備就緒的跡象：他晚上可以連睡5個小時，夜間餵食時似乎不是很餓，他的體重也超過5公斤。我建議瑪麗亞設定不餵食時間（3到4小時），並且等待90秒再進房安撫詹姆士，並請求伴侶的協助。

僅僅5天，「嬰兒睡眠訓練」為詹姆士及其父母帶來了奇蹟。瑪麗亞說：「我們談過之後，詹姆士的一切表現都好多了，我們遵循建議進行溫和睡眠訓練，也依此做了一些調整，現在他最長的睡眠時間至少有3小時，有一晚甚至有6小時（！），另一晚也有5小時，這都比他之前的連睡紀錄長。整體而言，他的情緒更容易平靜，偶爾也會自我安撫了。你說得對，他可以做到！」

睡眠訓練最困難的部分過兩、三個晚上就會結束，之後你可能會遇到鋸齒狀的曲線，每一晚的情況不一定相同，寶寶可能會在不同的時間醒來（見第175頁的「夜間的睡眠曲線」）。堅持下去，即使偶爾會退步，隨著時間他能越睡越

久。

睡眠訓練可能很困難，重要的是毅力。在不餵食時間結束前，即使進嬰兒房也不要餵奶，如果你哺餵母乳，你要知道寶寶會被母乳強烈吸引，也可以因此得到安撫，光是母乳的味道都能讓加護病房身體不適的早產兒平靜下來。如果你在不餵食時間進房安撫寶寶，但他吵著要喝奶，請你的先生或伴侶進來哄小孩，一、兩週後，你可以安心地將第一次不餵食時間延長到早上4點，然後是5點或6點，最終是7點，也就是你希望的起床時間。你的寶寶晚上可能起床哭鬧，你或你的伴侶要繼續以不餵奶的方式安撫他，很快地他會學習在不吃東西的情形下繼續睡覺。

一晚一晚過去，夜間餵食都可以省略，直到只剩一次餵食時間，最後也會併入他的起床餵食時間。

3個月大的睡眠訓練作息範例如下：

如果寶寶在不餵食時間（晚上10點到早上2點或早上2點至早上6點）醒來，使用溫和睡眠訓練法安撫寶寶，但直到下次進食時間前都不能餵奶。將4

小時的不餵食時間延長到5小時，最終是6小時，7小時。如果是其他年齡的嬰兒，可以參考第125頁的「寶寶睡眠時間表」，或是利用「Kulala寶寶睡眠app」創造自己的時間表（見第267頁）。

你的寶寶已經可以進行睡眠訓練了嗎？利用下列流程表，檢查是否已經出現重要的指標。

三個月大的嬰兒	
8:30 a.m. 日間模式開始	起床、餵奶
10:30 a.m.	小睡
11:30 a.m.	起床
12:00 p.m.	餵奶
2:00 p.m.	小睡
4:00 p.m.	起床、餵奶
6:15 p.m.	小睡
7:00 p.m.	起床、餵奶
9:15 p.m.	開始就寢前活動
9:30 p.m.	洗澡
9:45 p.m. 開始夜間模式	餵奶、睡覺
2:00 a.m.	餵奶、睡覺
6:00 a.m.	餵奶、睡覺

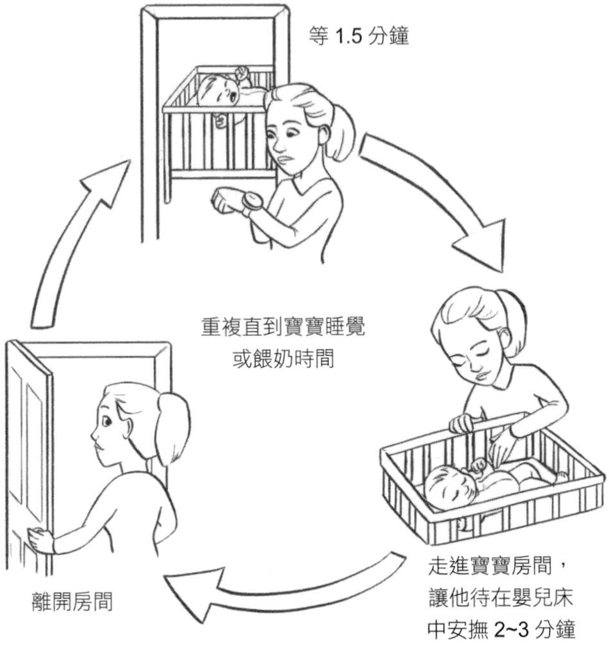
等 1.5 分鐘
重複直到寶寶睡覺
或餵奶時間
離開房間
走進寶寶房間，
讓他待在嬰兒床
中安撫 2~3 分鐘

溫和睡眠訓練

寶寶晚上開始哭泣時，至少等待90秒。看著你的錶，做個深呼吸，讓他哭個90秒，對他並不會有什麼傷害。進房安撫他，2~3分鐘後離開房間，不管他是不是還在哭，也不管他是不是你一離開就又開始哭。重複這個循環。

一覺到天亮

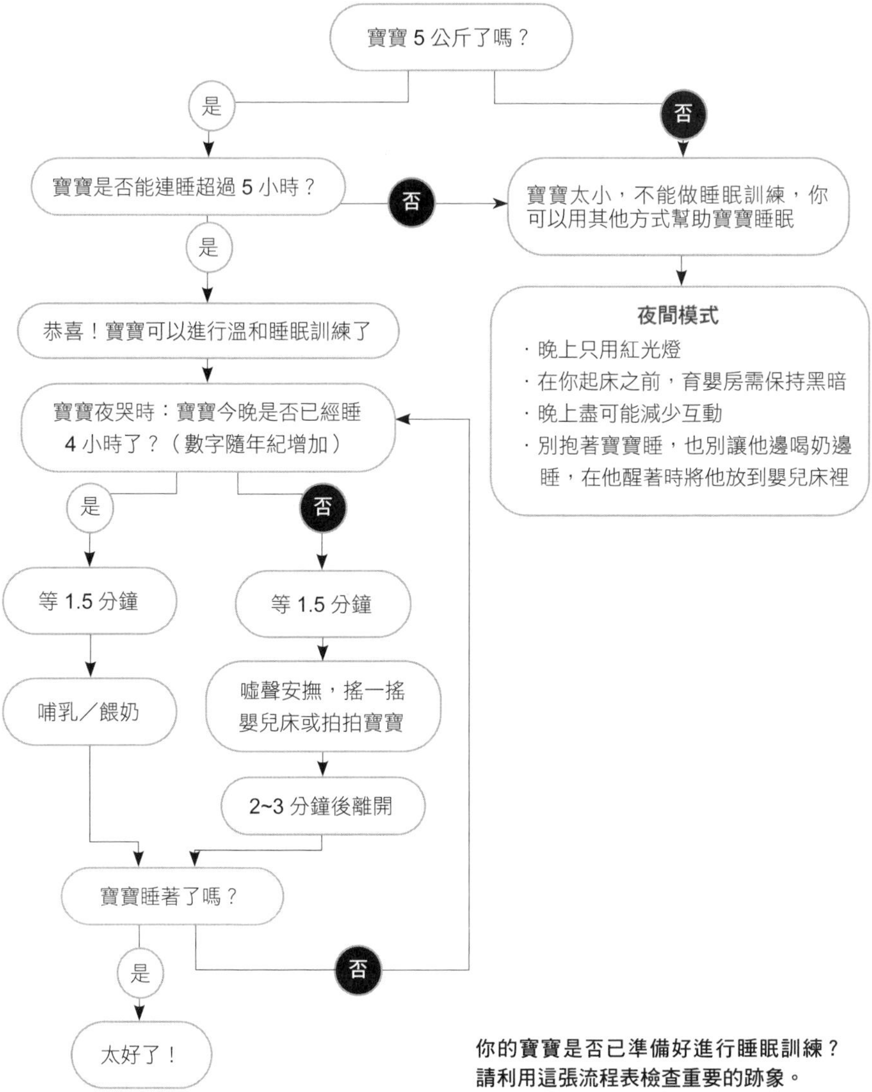
寶寶 5 公斤了嗎？
是
否
寶寶是否能連睡超過 5 小時？
否
寶寶太小，不能做睡眠訓練，你可以用其他方式幫助寶寶睡眠
夜間模式
· 晚上只用紅光燈
· 在你起床之前，育嬰房需保持黑暗
· 晚上盡可能減少互動
· 別抱著寶寶睡，也別讓他邊喝奶邊睡，在他醒著時將他放到嬰兒床裡
是
恭喜！寶寶可以進行溫和睡眠訓練了
寶寶夜哭時：寶寶今晚是否已經睡4 小時了？（數字隨年紀增加）
是
否
等 1.5 分鐘
等 1.5 分鐘
哺乳／餵奶
噓聲安撫，搖一搖嬰兒床或拍拍寶寶
2~3 分鐘後離開
寶寶睡著了嗎？
是
否
太好了！

你的寶寶是否已準備好進行睡眠訓練？
請利用這張流程表檢查重要的跡象。

第14章 有用嗎？

睡眠訓練很困難，因爲寶寶會哭個不停，你會爲了剝奪他的食物而感到內疚，如果他眞的需要進食呢？如果你的寶寶可以長時間睡覺，就可以放心：他不需要吃東西。保持決心！你知道如果想建立良好的睡眠模式，你必須增加想要的節律。如果放棄了，不只會使「好」節律變弱，甚至會讓寶寶培養出錯誤的節律，讓他認爲半夜也是該吃東西的時候。

這方法非常有效，所以如果你嘗試一個禮拜，你的寶寶還是一如既往地在夜間睡眠幾小時後就醒來，請重新檢視他的日間睡眠時間（請參考第62頁「寶寶睡眠表」）。如果白天睡得太多，晚上就會睡不好。

大多數我曾輔導過的父母都想知道：我的寶寶要花多久時間才能一覺到天亮？首先，一覺到天亮是什麼意思？我的定義是，寶寶夜間睡眠最長時間至少能維持7小時。那麼這個重要的里程碑什麼時候才能達成？使用溫和睡眠訓練，可

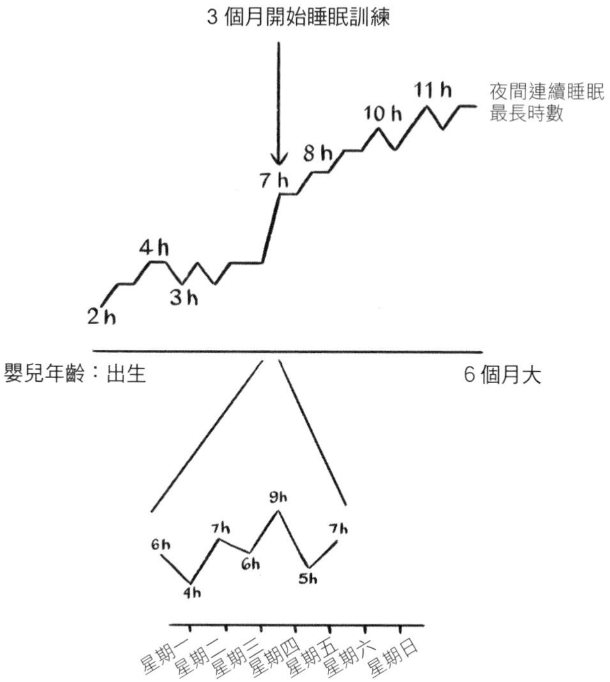

夜間的睡眠曲線

隨著年紀增加，嬰兒夜間的最長睡眠時間會逐漸拉長（上圖），但每天的變化非常大（下圖）。在睡眠訓練之後（通常可能從3個月大開始），寶寶夜間睡眠時間會更長。如果使用我的方法，多數受過睡眠訓練的嬰兒到6個月大時，已能在夜晚睡11個小時了。

以看到寶寶的夜間睡眠時間逐漸加長，這道曲線不會很平滑，而是曲折的（參見上頁圖）。我的意思是，如果你觀察的是寶寶一個月來的整體睡眠，會看到他整夜睡眠長度逐漸拉長，但每天的情況都不太一樣，晚上你的寶寶可能會在不同的時間醒來。

如果有一週睡眠情況退步，打斷了長時間的睡眠，也不要感到灰心，你的睡眠訓練是有用的，只是需要時間，別停下你所做的一切。記錄日間的作息，縮短日間小睡時間，保持就寢時間、清醒時間和所有作息都在固定時間。別失去信心，因爲寶寶睡眠訓練是以寶寶的生理學爲基礎，只要堅持這個計畫，寶寶就可以整夜好眠。

此外，倫敦大學學院伊恩・聖詹姆士－羅伯特（Ian St James- Roberts）和及其同事在二〇一七年發表的研究結果也支持我的方法。有影像證據顯示，3個月大的嬰兒無需父母干預，就能很快地自我安撫入睡。訓練的速度取決於我們拖延多少時間進入房間，我們用1.5分鐘讓寶寶學習自我安撫，而不是造成需要父母在身邊才能重新入睡的不必要聯想。在這項研究中，那些父母在夜哭後1.5分鐘才進入房間安撫的嬰兒，到了3個月大時都可以睡超過5個小時。如果時間表長達1週以上都無法發揮作用，寶寶比以前更快醒來，請重新檢視他的總睡眠需求，並且依需求調整日間小睡時間，以促進更好的夜間睡眠。

影像證據顯示，3個月大的嬰兒無需父母干預，就能很快地自我安撫地入睡。

所以你的寶寶要多久才能在夜晚睡超過7小時呢？視情況而定。有些因素很明顯：體重增加較慢的嬰兒通常需要餵食的次數較多，有健康問題的嬰兒也比較難入睡。然而，最重要的因素是你的毅力。父母聽到嬰兒哭會影響情緒，特別是母親，這一點在第18章會進一步說明。因爲請求伴侶的協助至關重要。運用我的方法，多數嬰兒到4個月大時夜晚可以連睡6小時，4到5個月之間就可以在夜晚連睡7小時。

寶寶成功睡眠的故事：一覺到天亮

3個月大的艾米莉亞已經表現出可以接受睡眠訓練的跡象，我已經輔導過她母親茱莉，告訴過她照光、減少小睡時間、延後就寢時間的事，但艾米莉亞晚上還是會醒來。她的體重已經超過5公斤，晚上有幾次能睡超過8小時，所以她已經準備好進行溫和睡眠訓練。我向茱莉解釋基本原則，包括為什麼等待90秒能幫助寶寶更快地睡過一夜，而不是馬上安撫她。在第一堂睡眠訓練輔導課程後，艾米莉亞睡得很香甜，只花了3個晚上，她就不再需要夜間餵食，現在她可以連睡9到10個小時。

調整嬰兒的作息

一旦制定好時間表，睡眠訓練也發揮作用，你便會開始有重生的感覺。你的寶寶會在預期的時間吃飯睡覺，讓你們的生活都更加輕鬆，夜晚大多數時間他都在睡覺，你也可以回到舊有的生活。即使他晚上需要經常喝奶，他也明白夜晚要睡覺，這表示你的夜間餵食可以迅速且容易，你們倆都可以很快重新入睡。祝賀自己，因爲睡眠訓練最難的部分已經完成！任務達成囉！

從現在開始，你只要隨著寶寶的成長，以及他在睡眠、飲食需求上的變化，定期調整作息即可。等寶寶越長越大，他的進食間隔也可以拉長。這將是一個循序漸進的過程，白天的餵食間隔可能會從2小時，延長到3.5小時，甚至4小時。嬰兒大約到了6個月大（有些甚至更早），許多父母都會開始餵食固體食物，寶寶的時間表又會多一個項目。不同年齡的餵食及小睡時間請見第125頁的表格。

第15章 睡眠倒退

在我輔導的案例中，這是極常見的模式。我曾輔導過一個家庭，幫助他們有效完成了睡眠訓練，全家都很開心，寶寶晚上可以睡覺，父母也是。幾個月過去了，我突然又收到一封這樣的電子郵件：

「我們不知道怎麼了，但邁爾斯晚上突然睡不好了，他現在每小時都會醒來，大聲尖叫哭喊，我得餵他喝奶才能讓他平靜下來，或是我先生得抱著他幾個小時，他才會停止哭泣。救命啊！」

父母通常會把嬰兒晚上睡不好歸咎於某事。

「我們去倫敦一個禮拜，現在他的睡覺都亂了。」

「他開始上幼兒園了。」

「她在長牙，我覺得她牙痛，所以睡不好。」

「我上禮拜回去上班了——我覺得她因爲這個變化而不安。」

這些都是合理的考量，但除了時間外，它們大多數和寶寶的睡眠無關。在九成的案例中，寶寶突然睡不好只有一個理由，你能猜到是什麼嗎？小睡太多了。

我們在第二步驟學到，嬰兒的總睡眠時數從出生後便持續減少，直到成年，每晚的睡眠時間大約只有8小時。在生命的頭兩年，嬰兒的總睡眠時數快速下降，從一天16個小時降到大約12個小時。如果你希望寶寶晚上能睡11到12個小時，那相差的睡眠時間要從哪裡刪減呢？沒錯，從白天刪減。

90%的案例都指出，寶寶突然睡不好只有一個原因……就是白天睡太多了。

6、7個月大的嬰兒和5歲大的小孩相比，夜間睡眠時間沒有什麼改變，日間睡眠則截然不同。寶寶剛出生時，白天小睡需要8小時，到了3到4歲時，幾乎就不再需要於白天小睡。父母感到困惑的是，不管白天或夜間的睡眠怎麼分配，孩子的每日總睡眠量不變，他們也不會清楚地表明自己需要省略或縮短小睡。他們只會在就寢時間不睡覺，在半夜醒來，或是太早起床。如果父母讓孩子小睡太久，他們的夜間睡眠時間就會縮短，相反的，如果日間小睡縮短，夜間睡眠就會增加。所以決定權在你手上：為了晚上好好睡覺，你是否可以讓寶寶在白天保持清醒？是否能忍受過渡期間偶爾的暴躁？還是你希望寶寶以晚上的睡眠為代價，讓寶寶在白天小睡？大多數父母都選擇夜間睡眠！

正如我輔導過的家庭，在你建立好作息後的某個時間點，也就是寶寶可以按時吃飯小睡，也能好好睡過一夜的時候，一切又變了調。寶寶突然會在半夜醒來，而且很難再讓他重新入睡，也可能就寢時間變成一場漫長的鬥爭。只發生一、兩次時，你會認為這是偶發事件，但是，接連一個禮拜夜夜如此時，你知道事情不妙了，怎麼回事？你的寶寶很有可能已經長大，每日的睡眠需求減少了。解決辦法很簡單，減少日間睡眠時間——寶寶的小睡得縮短。想知道白天需要減去多少小睡時間，可以將寶寶的睡眠作息與第62頁的表格相比，或是利用我們的「**Kulala 睡眠 app**」（見第267頁）。舉例來說，在睡眠倒退之前，你的寶寶每天需要睡15個小時，但現在只需要14小時，為了不改變夜間睡眠時間，你必須將他的白天小睡減少1小時，否則，他會在半夜醒來，就寢時間不睡覺，或是一大早就起床，這些對爸媽來說都不是好事。你可能需要花上幾天的嘗試，才能減去合適的小睡時間，見到想要的結果：寶寶又可以一覺到天亮了。

寶寶成功睡眠的故事：睡眠倒退

寶寶威廉14週大時，我第一次輔導他的父母喬安娜和大衛。他們兩人曾利用寶寶熟睡法讓威廉一覺到天亮。一切原本都很順利，直到威廉快要5個月大時，這家人到倫敦旅遊。等他們回國，情況開始惡化。不管白天或晚上的睡眠都變得艱難，白天四次小睡時間他都會哭鬧，最後一次小睡甚至都不睡了，有時候下午完全無法將他放到床上。倒退情況還包括夜間會醒來數次，並且很難安撫他再次入睡。喬安娜寫信向我求救，他們都精疲力竭了。

喬安娜和大衛覺得威廉的睡眠問題都是因為時差。他們只對了一半——調整到新的時區需要一個禮拜，特別是倫敦到紐約有5個小時的時差，但他們調整回紐約時區後，他卻一直無法重上軌道。那是因為我們建立新的睡眠時間表時，威廉已經3.5個月大，他有一陣子完全地適應了這種作息。到了5個月大時，威廉的睡眠需求減少，我們必須減少他的小睡時間。3個月至6個月大時，嬰兒平均每日小睡時間從4小時縮減到2.5小時，而夜間睡眠時間從10小時增加到11小時。這表示我們需要減少威廉的小睡，也要提早他的就寢時間。威廉自己表現出不需要睡那麼多，因為他有時候會跳過最後一次小睡，這是減少睡眠需求的明顯跡象。那麼該怎麼做？

喬安娜和大衛溫和地將每次小睡減少到50分鐘，並刪減第四次小睡。這種轉變立即改善了夜間睡眠。那夜間醒來的問題呢？回到基本原則！喬安娜和大衛再次實施溫和睡眠訓練，制定新的時間表，威廉只花了兩天就能睡到天亮了。

減少小睡

「他有時候會小睡，有時候不會。」這句話聽來熟悉嗎？如果你發現他越來越難在某個小睡時間睡著，或是他有時候會直接清醒度過小睡時間，就是時候減去這次小睡了。他的總睡眠需求減少了，睡眠壓力降低，他也沒那麼累了。有人認爲，刪減小睡很困難，經常會讓孩子難以安撫，這是眞的，一開始刪減小睡時間會導致孩子鬧脾氣；然而，如果使用正確的方法，這種情況只會維持一、兩天。

這表示你需要爲孩子創造新的時間表。請參考第125頁不同年齡層的時間表範例。如果你想制定自己的時間表，可以考慮刪減最後一次的小睡，增加每次小睡的長度，延長小睡的間隔。你也可以讓孩子早點就寢，因爲從1個月大到18個月大之間，夜間睡眠會從9個小時延長到11.5小時。在寶寶一歲半之前，小睡次數會從新生兒的四次，3到6個月大的三次，6到12個月大的兩次，縮減到3至4歲的一次。最後的午睡時間可安排在下午，通常是在午餐之後。

孩子在過渡時間鬧脾氣是正常的，但你的寶寶應該很快就能調整過來，如果他一直鬧脾氣，超過三天一到平常小睡時間就非常疲倦，就可能是太早刪減某一次的小睡。

另一個要小心的問題情境是，就寢時間和最後一次小睡太接近。因爲刪減就寢前第四次或較晚的第三次小睡尤其困難，我想更詳細地解釋如何能輕鬆達到目的。假設你的寶寶最後一次小睡是晚上7點半，小睡時間通常爲1小時，最近他晚上睡眠的時間越來越長，你也越來越早讓他上床睡覺，所以現在他的就寢時間是晚上9點。這樣一來，最後一次小睡會在8點半小睡醒來，離就寢時間只差半小時，最後一次小睡時間幾乎等於就寢時間，就是時候刪減它了！但如果你不讓他小睡，要做好他會鬧脾氣的心理準備，你可以嘗試堅持平時的就寢時間，或是提早30分鐘讓他上床睡覺，隔一天他就會改善許多，只要再一、兩天就能完全過渡。

如果寶寶在接下來三到五天，一到刪減的小睡時間就鬧脾氣，試著再提早就寢時間。只要他能睡過一夜，你做的就是正確的事。如果他再次於不適當的時間醒來，那表示你做得過火了，他應該晚一點就寢。

第16章 睡眠增加

雖然嬰兒、幼兒和兒童的整體趨勢是年齡越大、睡得越少（如第62頁的「寶寶睡眠表」），但他們偶爾還是有睡眠增加的情況。

生病

生病嬰兒、兒童和成年人的睡眠需求經常增加。孩子生病時，只要他們有需要時就睡覺很重要，正在發燒的嬰兒和幼兒在白天會睡得比平常更多，讓他們睡吧！那夜間睡眠怎麼辦？許多父母說，孩子生病時，他們的睡眠作息會大亂，晚上經常得醒來照顧尖叫中的嬰兒或幼兒。此時，你會特別得益於寶寶睡眠訓練——不斷重複、有規律的時間表、嚴格執行夜間模式，都能讓寶寶回到正軌。寶寶生病時，他們整體的日間睡眠需求量較高，但如果使用寶寶睡眠訓練，即使白天睡眠增加，也不會減少夜間睡眠時間。那就是同步到強大節律的力量！我的孩子生病時，也會在白天哭鬧睡覺，但他們夜間的睡眠幾乎不受影響。當然，有時候生病的孩子會在半夜醒來，身體非常不適，而需要額外的安撫或幫助。

等寶寶大一點時，他們自然會開始學步，開始學會表達他們的難受及需求（你也會發現他們意見很多！）無可避免地，你會在晚上抱著生病的孩子好幾個小時，和他一起睡覺，或是盡可能地讓他舒服一些。爸媽的愛和感覺對孩子的復元非常重要，但他們也能形成難以打破的新習慣，特別是年齡大一些的孩子。因此，在嬰兒或幼兒症狀改善一些之後，必須盡快回到正常的睡眠時間表和作息。

莉亞大約2歲大時，曾有過一次嚴重的發燒，沒有我她就不肯睡覺，我們坐在她房裡的沙發上時，她就趴在我胸口睡覺，晚上她也會醒來好幾次，因為全身發燒而哭喊，每一次，她都需要我抱著她，才能重新入睡。她生病了，狀況很糟，所以我當然會竭盡所能地讓她舒服一些，包括花好幾個小時陪著她待在房間裡，抱著她、安撫她。三天後，她情況好多了，但還是想把我當溫暖柔軟的抱墊睡覺。所以即使我晚上將她放到床上，她還是會把我叫回來好幾次。一開始，我以爲她可能還有點不舒服，但到了第四天，我知道我們意外地養成了新習慣。

到了第五天，我相信她已經恢復成愛玩好動的莉亞，沒有什麼不舒服，是時候回到過去規律的作息了：洗澡、唸書，9點時最後抱抱她，然後到隔天早上8點前都不發出一點聲音。我將她放到床上時，她會叫我回來，我等了一會兒才回應她，當時幾乎難以忍受她撕心裂肺的哭喊。我崩潰了，回到房間給了她一個擁抱，但我告訴她，現在該睡覺了，到起床之前媽媽都不會再進來了。我離開房間，她又開始爆哭，10分鐘後我再次崩潰。這次持續了半小時，我決定等待更長的時間。她哭天喊地了半個小時，還想多許多富有創意的理由（我要大便，我要去客廳玩，我餓了）要我進去抱抱她，這也讓我知道，她不是真的需要我，她只是想要我。在感覺像是永恆的哭鬧後（但其實只有30分鐘），我走進房間給了她最後一次擁抱。在那之後她安靜下來，終於繼續睡覺，這次就睡過一晚了。隔天晚上，她在平常的作息時間就上床睡覺，我不再需要進房間，一次次地對她說謊。習慣打破了，我們又回到舊有的作息，晚上大家又能好好睡覺了。

在生病期間，安撫孩子的重要性超過所有的作息和習慣，嬰兒和幼兒在生病時，經常需要更多睡眠、更多擁抱、更多安撫，也更需要母親的陪伴。你可以滿足他們一切需要，不過等他們恢復了，就要小心別形成必須再次打破的新習慣，最好盡快回到生病前的時間表，向寶寶解釋現在他已經好多了，他晚上可以自己睡覺了，晚上就該睡覺，爸爸媽媽早上就能陪著他了。

寶寶成功睡眠的故事：生病

我在奧利弗5個月大時，開始輔導他的爸媽，成功讓奧利弗養成良好作息。但等他9個月大時，情況突然改變，奧利弗得了重感冒，高燒好幾天。在他生病時，經常哭泣，需要被擁抱、安撫，也常要奶喝。等他病況好轉，睡眠時間還是很亂，每天晚上會醒來四到六次，讓他的父母崩潰。他的媽媽凡妮莎請我協助並解釋：在奧利弗感冒期間額外的擁抱和照護養成了不受歡迎的新習慣。她需要使用溫和睡眠法，才能回到正軌。前幾晚的睡眠訓練有些困難，但努力終得回報：奧利弗記起自我安撫技巧，不再依賴父母就能睡到天亮。

增加睡眠的幼兒

幼兒大約在2歲時，每日的睡眠需求開始穩定，接下來的一年，他們的夜間睡眠需求量不太可能繼續下降，甚至可能長達1個月需要比以前更多的睡眠（超過1個小時並不罕見）。這通常會因上托兒所帶來的高度刺激而進展，這也符合情緒和智力發展的獨特階段。與其叫醒孩子上學，不如使用寶寶睡眠訓練，重新安排幼兒的時間表，從而使其適應不斷變化的睡眠需求。早一點讓他上床睡覺，用每次15分鐘的速度慢慢改變他的就寢時間，直到睡眠再次達到平衡，而且你所制定的起床時間能滿足幼兒的睡眠需求。簡單！寶寶熟睡法是一套持續的過程，需要不斷調整作息，好讓孩子的夜間睡眠和早晨的起床時間能與你相符。

早一點讓他上床睡覺，用每次15分鐘的速度慢慢改變他的就寢時間，直到睡眠再次達到平衡。

第17章 其他照顧者

現在你已經掌握了這個方法的基礎知識，也相信使用紅光燈和限制日間睡眠的重要性，但在你或你寶寶生活中的其他人不一定知道這些事！他們或許不知道正常的光線會吵醒寶寶，不知道小睡的時間太長會影響夜間睡眠。如果他們不遵守這本書裡的規則，有關係嗎？如果那些人會照顧你的孩子，那麼是的，有關係。這件事的重要性主要有兩個原因。我們已經知道我們做或沒做的事都會影響寶寶的節律，強烈的節律能幫助寶寶更快樂、睡得更好。如果你的伴侶、保母或托兒所員工爲寶寶制定的時間表和你不同，或是完全沒有時間表可言，那可能會顛覆你爲寶寶制定符合你和家人作息時付出的努力。此外，如果你仔細調整過的小睡作息被忽略了，其他照顧者讓小孩隨著自己的心意小睡，很有可能會讓他晚上無法入睡。因此，大家都保持同步十分重要。

幼兒園

開始上學或上托兒所對嬰兒及幼兒而言是項挑戰，因爲他們需要適應新的照顧者、其他小孩、不同的環境及不同的作息。托兒所環境對嬰兒和幼兒都具有很大的刺激性，他們可以從和老師及其他孩童的互動中學到許多東西。與在家相比，他們在那裡經常會有更多的感官、智慧和社交刺激，身體活動也比在家時更活躍。學校很累人！許多嬰兒和幼兒剛開始進入托兒所時，一到晚上就累壞了，這對父母來說也成了難題。早點讓孩子上床睡覺似乎是最簡單的解答，但小心別過早了。

如果寶寶看來非常疲累，你可以讓他提早15到30分鐘睡覺。然而，如果他比平常起床時間更早醒來，或是開始在半夜醒來，你便知道他的睡眠需求並沒有增加，與其讓你的孩子早點上床睡覺，不如提早就寢的流程，早點洗澡，多讀一本書給他聽。是的，孩子放學後比較累，但這種疲累不一定等於需要增加睡眠；相反的，孩子可能表現出脾氣變差，更黏人。他們已經離開你一整天，他們不得不在沒有你的情況下振作起來，他們需要發洩，他們要你證明你會一直在他們身旁。

托兒所的小睡

如果你的寶寶在上托兒所前已經有固定作息，試著告訴新的照顧者，維持原有的時間表。然而，因爲人們不了解睡眠的生理學，叫醒小睡中的嬰兒或幼兒可能會遇到一些阻力，對托兒所員工而言，適應每個兒童不同的作息也很困難，例如其他小孩的小睡時間比你的小孩長。

你當然知道嬰兒白天過多的睡眠會嚴重破壞夜間睡眠，托兒所裡沒有限制的小睡時間會延後就寢時間或是失眠。你可能會解釋，在固定的時間叫醒寶寶，是爲了限制白天的睡眠，好讓他晚上睡得更好，而且這是公認可以讓夜間睡眠良好的方法。你可以說明這種方法對你的家人重獲夜間正常睡眠大有助益，對你而言非常重要。試著向照顧者解釋你的方法，理想上，你可以在面試托兒所或日托中心時，問清楚他們是否能配合你進行寶寶熟睡法。

托兒所裡沒有限制的小睡時間會延後就寢時間或是失眠。

讓家人保持固定作息

家中的每個人都要了解寶寶的睡眠和餵食作息，這一點至關重要。爲了遵守計畫，可以在冰箱上或其他可見的地方貼上最新時間表，這樣每個人都能輕易參考餵食和小睡時間。你在學習睡眠科學上投入許多珍貴的時間和心力，也很努力讓寶寶遵守作息，請你的伴侶也閱讀這本書，向每個照顧者解釋你的方法，特別是你爲什麼要限制日間睡眠時間。堅持作息和限制小睡時間的重要性，可能有人會抗拒，但重要的是保持堅定立場，好讓寶寶能一夜好眠。

第18章 了解爸媽的大腦

關於睡眠訓練，就算是我所建議的溫和版，也是這套「寶寶熟睡法」中最困難的部分。不只是你；每個爸媽都很難看著自己的寶寶哭，我也不例外。我爲莉亞和諾亞進行睡眠訓練時，要我靜靜坐著等90秒幾乎不可能，那就像是我正對自己的寶寶及自己做出嚴重的傷害。

爲什麼寶寶哭泣的聲音對我們有這麼深刻的影響？我們聽到其他人哭不會難受，那爲什麼我們對寶寶的哭聲有這麼極端的反應？了解爲什麼會有這種強烈的反應，可以幫助我們調節恐慌反應，讓我們得以繼續進行睡眠訓練。這一章節將幫助你了解身爲父母各種情緒背後的生物學原理，以及如何調整這些情緒，幫助寶寶整夜安睡。

當你看著自己的寶寶時，能不能感覺那股熱烈的愛？你從未想過的那些感覺都可能出現？是的，那便是荷爾蒙的作用。天性讓我們不僅在生理上爲寶寶的到來做好充分的準備，例如分泌乳汁等，在心理上也是如此，荷爾蒙讓我們愛我們的孩子，非常愛，愛到他們的安適成爲重中之重，甚至比我們自己是否安適還重要。我是個神經科學家，所以一本有關寶寶睡眠的書就一定要考量懷孕、分娩及育兒如何改變我們的生理及心理，還有那些改變如何影響我們幫助寶寶在夜晚安眠的能力，這些能力最終也會幫助我們自己。

懷孕期間的荷爾蒙

我懷莉亞之前，很在意自己的體重和外表，保持身材對我很重要，體重的起伏嚴重影響我的情緒。我懷孕後，肚子漸漸變大，我和身體這層脆弱且苛求的關係明顯改變了。在幾個月無休止的孕吐之後，我的孕肚變得明顯，我竟奇異的覺得開心。等它更大了些，我感到敬畏，不敢相信它還會變大、越來越大。到了懷孕末期，我確實感到不自在，但我的外表，幾乎變得像怪物一般的身體（這是從懷孕前自我批判的角度來講的），並不會給我帶來太多困擾，至少不像過去幾年胖瘦個2、3公斤，人生就截然不同一樣的困擾自己。等我眞的可以把餐盤放在肚皮上看電視，這種碩大的外貌反而會帶來一絲愉悅。

我不僅不會因爲自己身體變形而感到天崩地裂，也不擔心我的身體和人生正發生一些無法容忍的事，一切改變都以最難以想像、最存在主義的方式發生。是的，我當然也有擔心的事，擔心孩子是否健康，擔心生產，擔心能不能做個好媽媽。但相較於即將要發生的事情的實際意義，我的擔心和憂慮相對較小。即使在我懷孕時，我告訴朋友和家人，懷孕過程沒什麼壓力感，覺得有些奇怪，而這麼荒謬的改變在以前可能會把我嚇死，但我卻對現在正在經歷的一切感到奇異的冷靜。許多母親都有過這種相對冷靜的感覺，她們也幾乎覺得自己註定會經歷這個過程。

科學可爲這種現象提供驚人的解釋。暴露在壓力下會導致母親皮質醇荷爾蒙值升高，從而可能傷害發育中的胎兒，天性便發展出一套系統，預防這種事發生。在懷孕過程中，大腦化學物質與荷爾蒙之間產生複雜的相互作用，調節所謂的下視丘—腦垂體—腎上腺軸（hypothalamic-pituitary-adrenal, HPA）——這是一連串的生理事件，包含大腦的下視丘對腦下腺發出訊號，進而控制腎臟的腎上腺，釋放出皮質醇。整個過程在懷孕期間會減弱，並通過黃體固酮和內源性類鴉片荷爾蒙產生抑制作用，這些作用在懷孕後期達到高峰，並抑制HPA軸，減少懷孕時的壓力。

有趣的是，就連懷孕婦女的伴侶也會在懷孕期間出現荷爾蒙變化。男性的睪固酮在伴侶懷孕時會下降，這對嬰兒出生後的父嬰連結是必要的。此外，夫妻會同步產生荷爾蒙變化，一起爲最佳育兒做好準備。

分娩時的荷爾蒙

你或許聽過「擁抱荷爾蒙」催產素，這種荷爾蒙會產生驚人的利他效應，例如將催產素噴入某個人的鼻子後，會增加那個人的吸引力，增強對他人的信任，甚至有助「讀心」——直覺地理解他人的希望和需求。

催產素在生產時的效果最爲強烈。在懷孕晚期，內源性類鴉片抑制催產素神經元，但等胎兒快要出生時，這種抑制效果會停止——催產素神經元開始反射性地釋放出催產素，引發子宮痙攣，也就是生產宮縮。用來幫助生產的藥物，合成催產素（pitocin），是催產素的化學類比物，可表現出荷爾蒙的強大功能，將寶寶擠出產道。在生產的同時，荷爾蒙泌乳素（prolactin）和催產素會刺激泌乳，在嬰兒出生後，吸吮母乳的動作會刺激母親及嬰兒的催產素分泌，進而產生溢乳反射及泌乳。

產後荷爾蒙

在懷孕期間，母親的大腦爲自己即將成爲母親而做準備，從生理上來說，這包括築巢、聚攏幼兒、哺乳、清理、保護嬰兒且對新生兒保持友好。藉由催產素受體數量增加，雌性素、黃體固酮和泌乳素值提升，讓產婦大腦的各個部位進入準備狀態，大腦準備好了——分娩時黃體固酮下降，催產素分泌，這些神經通道便開始作用，引發母性行爲。

晉升母親後，大腦裡發生的巨大重組眞是令人驚訝，大腦幾乎所有與認知、情緒處理有關的區域都受到懷孕荷爾蒙的協同作用而改變，且對分娩過程中催產素的激增產生強烈的反應。事實上，老鼠因爲基因演化，缺乏催產素受體，所以即使幼鼠出生，牠們也不會表現出母性行爲，牠們不在乎自己的寶寶，甚至會對牠們表現出攻擊性。

有趣的是，和新生兒長時間的互動會維持及增加產後的母性行爲，這便是與新生兒產生聯繫爲何如此重要的原因。我們的大腦爲母性行爲做好了準備，但與新生兒的接觸能鞏固神經通路，進而持續育兒行爲，並滿足嬰兒的需求。持續的互動和照顧嬰兒會活化大腦中強大的報償迴路，釋放神經傳遞物多巴胺，從而使我們感覺愉悅。這些大腦迴路和吸毒時活化的迴路相同，也和戀愛時觸發的迴路相同。

事實上，老大莉亞出生後，我也感覺到這種強烈的愛，我還想爲此寫首14行詩。我沒有眞的動筆，因爲當時既要不斷地換尿布，也缺乏莎士比亞的天分，我突然明白那些大作家、大詩人也經歷了如此動人的愛，只有寫詩才能適當地表達出他們的內心。我也想將心聲注入詩詞內，想寫首交響曲，想寫書（至少最後我做到這一點了），慶祝我感受到的精神上的興奮——爲了我的寶貝女兒，她神奇的存在，還有她的藍眼睛，看著我，需要我。

在新生兒階段之後，我們仍能緊密地讀取到嬰兒表現出的線索。研究顯示，家中的三個成員——母親、父親和嬰兒——在彼此互動時會增加催產素，強化連結和親職行爲，嬰兒和父母形成一個功能性的三角，荷爾蒙、神經通路和行爲都會同步，這也是直覺和安全依附的來源。寶寶讓我們照顧她，我們透過照顧她讓她覺得安全，同時不斷微調我們的行爲以便好好地照顧她——這些步驟都是生物學上預先決定的，但是會不斷發展，讓「成爲父母」這個最強大且最美好的人類經驗可以容易一些。

你們也可以想像，這件事不全是美好的，新手爸媽忙著照顧寶寶，手忙腳亂到想自暴自棄，還要無止盡地擔心寶寶的健康。這雖然對寶寶能否存活至關重要，它也對新手爸媽帶來強大的壓力。一系列有趣的實驗探索了這樣的經驗，並賦予它一套生理學上的解釋。

研究人員如果給新手爸媽看他們寶寶哭泣的影像，並用功能性磁振造影監看爸媽大腦的活動，可以在名爲杏仁核（amygdala）的大腦中樞偵測到強烈的反應，這類似於我們的情緒恐慌按鈕。我們覺得寶寶的哭泣令人無法忍受，我們大腦的反應也顯示出這一點。寶寶哭泣時，大腦裡負責情緒警報的那部分會像聖誕樹一樣亮起，讓我們感到巨大的痛苦。

有趣的是，父親雖然也會對嬰兒哭聲出現反應，但母親的大腦反應比父親強烈得多。這和許多母親只因寶寶一點小小的聲音就被吵醒的觀察結果非常吻合，爸爸在寶寶尖叫的時候經常還是呼呼大睡，他怎麼可以這樣？他可以，因爲他的情緒警示中樞並不會對嬰兒所有聲音做出反應。雖然這種極端的生理和情緒反應在一段時間後有所減弱（6個月大嬰兒的父母杏仁核的反應比兩週大嬰兒父母的反應弱得多），但這種增強的情緒反應當然是身爲父母的本職，有助於親子間強烈的連結和愛，但有時也會引起焦慮和沮喪。

父母對新生兒的專注性都是強烈且相似的，它很像是強迫症的一系列行爲，我可以理解，你會覺得這麼說不太禮貌，但請想想：焦慮地一再檢查寶寶的生理跡象——有；一直擔心你是否忘了和嬰兒健康，甚至生存有關的事——有；反覆出現與傷害嬰兒有關的想法且感到不安——有。這種相似性很不可思議，特別是在神經學上的相似性，研究者甚至利用母親大腦的影像，作爲了解強迫症及其演化起源的工具。

睡眠的功能

你或許因為寶寶睡不好，你的心情也不好而拿起這本書，為什麼呢？為什麼睡眠對我們的健康如此重要？我們到底為什麼需要睡眠？

在我從事睡眠科學家的日常研究工作中，這些都是非常重要的問題，簡單來說：我們不確定。精準地說，我們不確定的是睡眠的終極、潛藏又基本的功能——睡眠對我們身體最重要的角色是什麼，也就是說，為什麼睡眠剝奪而無法實踐這個功能時，會使我們感到痛苦，甚至最終導致疾病？

芝加哥大學的艾倫·瑞斯蕭芬（Allan Rechtschaffen）及其同事也對此問題進行了深入研究。研究者為了剝奪老鼠的睡眠，在水池上放了一個旋轉盤，再用紗窗隔開旋轉盤，紗窗兩邊各放一隻老鼠，只要一隻老鼠睡覺（被指派不能睡覺的那隻），盤子就會開始轉動，但紗窗會保持不動，老鼠便有撞到紗窗而掉下水的危險，為了預防自己變成落湯鼠，他們必須開始移動，也就不能睡著了。水上轉盤法讓研究者得以調查完全剝奪睡眠會發生什麼事。

遭受這種折磨方法的老鼠在兩週就死亡了，比因為挨餓而死還要快！為什麼完全睡眠剝奪如此致命？幾天不睡覺之後，老鼠開始表現出大量生理性的異常，包括毛皮凌亂結塊、體溫下降、體重減輕、感染、皮膚潰瘍和腦部變化。奇怪的是，在老鼠身上找不到單一死因：研究者幫老鼠保溫，給牠們注射抗生素對抗感染，或對其他影響採取治療對策，但老鼠還是死了。為什麼？這仍然是個謎。

像我這樣的分子生物學家一直在研究睡眠功能，也發現了睡眠時發生在細胞及組織裡的幾個生理過程。這裡不說明後續研究的技術細節，我們相信睡眠和維持大腦和身體基本細胞功能有關。我們都知道睡眠不足會損害我們的大腦功能，雖然我們不完全了解原因，但我想更深入地研究睡眠剝奪對大腦的影響。

睡眠不足的大腦

爲了調查睡眠不足如何影響人類，研究者會讓受試者曝露在不同程度的睡眠剝奪中進行測試。在賓州大學的一分研究中，一組受試者連續三晚不能睡覺，另一組則承受部分的睡眠剝奪，14天的晚上都可以睡4到6小時。這些研究顯示睡眠剝奪對大腦功能造成嚴重的損害，包括注意力、積極性、工作和長期記憶、視覺處理、決策和判斷、言語和情緒控制。

或許不令人意外，你睡得越少，症狀就越嚴重。有趣的是，不只是完全沒睡覺，部分的睡眠剝奪（新手媽媽身處的情況）也對認知和情緒調節有負面影響。連續14天，每天晚上少睡兩個小時，結果和一整晚不睡一樣，什麼結果？研究顯示，經常睡眠不足的危險族群，包括醫療、航空、軍事或運輸領域的從業人員，在睡眠不足時都表現出警惕性不足，也更容易出錯。一項來自澳洲新南威爾士大學及紐西蘭職業與環境衛生研究中心的研究確實發現，連續28小時不睡覺後，軍隊及運輸人員的認知障礙與血液中酒精濃度達0.1％的醉漢一樣。儘管女人似乎比男人更能忍受睡眠不足，這或許是由於養育孩子的需求，但我必須強調，爲了你和家人，重新回到良好的睡眠狀態是非常重要的。

睡眠剝奪對大腦功能造成嚴重的損害，包括注意力、積極性、工作和長期記憶、視覺處理、決策和判斷、言語和情緒控制。

寶寶成功睡眠的故事：睡眠剝奪

卡菈在她的寶寶馬泰奧7個月大的時候來找我，馬泰奧在白天是個快樂、有活力的男孩，但一到晚上，他每2個小時就醒來一次，讓他媽媽快要瘋了。他白天小睡四次，總計5個小時。卡菈是個工程師，但在馬泰奧寶寶6個月大的時候都還不能重返工作崗位，使家庭承受巨大的經濟壓力。「我工作的時候需要思考，但現在我覺得自己像個殭屍。」她說。我向她解釋，馬泰奧小睡時間太多，接著教導卡菈「溫和睡眠訓練」的步驟。在施行新的時間表，並讓馬泰奧接受睡眠訓練後，卡菈又能好好睡覺，一個月後也回到工作崗位了。

睡眠和情緒

就我有記憶以來，一直都有睡眠問題。小時候，我睡不著，半夜都還醒著，腦子裡的想法讓我無法入睡，爸媽不讓我吃安眠藥，有次他們利用順勢療法的幫助，有個非常好的女士和我談了三個小時，然後開了一個特殊的「小球」——一種小糖丸，裡面有微量的植物萃取物，據說對睡眠有益。我雖然喜歡一對一面談得到的關注，但小球丸對我的睡眠一點幫助也沒有。最後幫上忙的是我父親，他是個心理學家，教導我放鬆的技巧，躺在床上睡不著時，有時候會使用這種技巧。

剛成年的時候，我的睡眠作息很混亂，直到加入洛克菲勒大學的實驗室後，我才知道對失眠症患者而言，這種混亂會加劇睡眠問題。上大學時，我可能早上7點起床，隔天下午兩點才睡覺，在攻讀碩士學位時，整個生理時鐘完全失控，我的作息和大多數人完全不同，下午5點起床，太陽出來時才睡覺。因爲混亂的作息，我的生活陷入一個惡性循環，我入睡只是爲了隔天晚上不要睡著，醒來還是睡眠不足，然後又睡著等等。我可能今天覺得狀況還可以，隔天就因為睡眠不足而極不舒服。

我睡眠不足的時候，也就是沒睡滿7小時，我會覺得不舒服，不只是累，我的情緒也會受到影響，我沒有力氣，沒有活力，還覺得憂鬱。或許這就是我在寶寶出生時，如此急於預防睡眠剝奪的原因——預防睡眠不足和感覺沮喪帶來的巨大風暴。

這種情況不只我一人。睡眠和情緒之間有非常緊密的連結，不良的睡眠導致不良的情緒，睡眠品質直接與新生兒母親在產後的前幾天、前幾週、前幾個月的感受有關。許多研究顯示，新生兒母親在產後期間若睡眠不好，會增加產後憂鬱症的危險性，這是一種短暫的憂鬱症，高達八成五的產後婦女都會發生。在某項研究中，1週大嬰兒的母親情緒是否低落，完全取決於媽媽夜間醒來的次數——也就是她能不能一覺到天亮。凱瑟琳．李（Kathryn Lee）和加州大學舊金山分校的同事在二〇〇〇年進行多項生理睡眠檢查研究，探索女性在生產前後的睡眠變化，以及睡眠和情緒的關係。研究指出，在產後一個月，母親的睡眠比懷孕最後三個月平均少了1.7小時，此外，追蹤產後一個月的睡眠長度與情緒之間的關聯：心情愉悅的母親（稱爲積極情感）比心情憂鬱的母親（稱爲負面情感）平均多睡1.3小時。

在另一份研究中，產後一週的睡眠不足甚至可以預測在產後六週內發展出產後憂鬱症，這說明睡眠對我們的心理健康至關重要。在這些研究中，很難分辨出先有雞還是先有蛋——先睡眠不良，還是先情緒不佳，是睡眠障礙導致情緒障礙？或是相反呢？研究者相信兩者皆有可能，而且它們可能導致惡性循環：睡眠剝奪可能導致憂鬱，而憂鬱加劇了睡眠問題。

睡眠剝奪可能導致憂鬱，而憂鬱加劇了睡眠問題。

好消息是，證據顯示改善新生兒母親的睡眠有助於提振他們的情緒。洛里．羅斯（Lori Ross）及其同事在加拿大聖約瑟夫醫療中心產科病房中進行的一項研究中得知，極有可能患上產後憂鬱症的新生兒母親只要選擇母嬰分房，讓他們的嬰兒在育嬰室裡待幾個小時，就有機會補足睡眠。一九九六年到二〇〇一年間，有179位母親參加這項研究，她們被歸爲產後憂鬱症的高危險群，因爲他們可能有憂鬱病史或焦慮病史，或是受經濟所影響。在住院五天期間進行睡眠干預後，產後兩年因精神疾病入院治療的機率都比平均值低，這表示新生兒母親在產期前後很容易受睡眠不足影響。直接干預影響母親睡眠的元凶，同樣對嬰兒的睡眠有所幫助：二〇一二年進行的一項澳大利亞研究中，80名母親接受了45分鐘的嬰兒睡眠諮詢，從而改善母嬰的夜間睡眠，大幅減輕了壓力感、焦慮感及憂鬱。

大多數評估產後睡眠及情緒的研究都聚焦於母親，近來的研究也調查了父親的睡眠和情緒模式。和母親一樣，父親的睡眠在寶寶出生後也縮短了，不過父親睡眠中斷的次數（通常相等於夜晚醒來的次數）比較少。重要的是，寶寶睡眠不良也會導致父親的憂鬱症狀。

簡單來說，睡眠和情緒是一體的。新生兒的睡眠不好會擾亂母親的睡眠，使她的情緒變糟，導致產後憂鬱症，使睡眠更加惡化。需要一個雙管齊下的方法才能打破這種惡性循環：幫助媽媽，同時也幫助孩子——這種方法似乎是改善新生兒母親身心健康的最有效方法。

這個結論來自我自己的經驗，也來自各家嬰兒睡眠的輔導經驗，睡眠不足被視爲新生兒母親的一部分工作，我和新生兒母親在電話中聊起睡眠時，經常會聽到她們聲音裡的絕望。身爲一名寶寶睡眠輔導師，也是一名深受失眠症和情緒問題困擾的媽媽，我相信幫助父母讓他們的孩子能通宵安眠非常重要。身爲同病相憐者，我們需要認識到睡眠不足會讓母親以情緒爲代價，並認爲尋找心理保健專業人員的幫助是正常的，且她們需要能隨時找到幫助。只有這樣，我們才能眞正恢復母親的安適感。

睡眠和情緒是一體的。

睡眠訓練時父母親的大腦

我要再詳細說明嬰兒出生後我們經歷的身心變化，因爲我希望你們在寶寶半夜3點哭著找你安撫他時，爲自己的不適做好準備，包括心理和生理的不適。聽好了：它很不舒服。寶寶的哭泣按下我們的警報鈕，杏仁核活化，啓動親職行爲，特別是母性行爲：如果身體開啓自動導航，你會自動走到寶寶身邊，餵他喝奶。

要忍受這種內心壓力極其困難，特別是在睡眠不足的情況下，因爲正如第206頁所說，睡眠剝奪會影響認知功能及情緒調節。然而，若能將內心壓力與寶寶哭喊的現實後果分離開來，效果會非常強大。是的，寶寶哭時你會難過，你整個大腦會像瘋了一樣啓動，想催促你去安撫她，那是我們生理的必然性。而無論是現在或是孩子哭喊時，我要求你們做的是將嬰兒視爲與你不同的個體。是的，你會難受，你覺得覺寶寶一定也難受，你的同理心讓你難以承受。但如果她沒有難受呢？至少不會難受很久呢？我們不是讓她哭上幾個小時，只是90秒而已，想一想她在你進房後，很快就會冷靜，如果寶寶的情緒極差，被抱起來後她也不會馬上安靜下來。

寶寶成功睡眠的故事：媽媽的大腦

我輔導的一個媽媽海倫娜從一開始就告訴我，她不會嘗試任何放任孩子哭泣的方法，因為她認為這可能會傷害到4個月大的兒子，亞歷山大。我告訴她，研究顯示晚一點點回應寶寶哭泣（只晚90秒！）可以教導孩子自我安撫，甚至睡眠訓練中較長的「消失」也不會影響孩子的情緒或認知發展，即使幾年後都沒有影響。然而，她還是不敢嘗試。因此我們討論起亞歷山大哭泣時的經驗，以及她多難以承受這種情況，她說她覺得亞歷山大在那些時間急迫地需要她，她不能拒絕給他情緒上的支持。我解釋道，許多研究顯示寶寶不會因為放任哭泣就受到長時間的傷害，更何況只是90秒，但媽媽的大腦對寶寶的哭泣卻十分敏感，我也向她說明睡眠不足會增加媽媽發生產後憂鬱症的風險。海倫娜慢慢地但明確地放開自己，在亞歷山大夜晚醒來時，也能忍受他哭鬧幾分鐘。兩個晚上後，亞歷山大的睡眠明顯改善，他晚上的睡眠通常可以長達6小時，這讓他疲倦的母親非常高興。

注意寶寶在你進房後，很容易就能安靜下來的事實，抗拒進去抱孩子的衝動，想像在不遠的將來，寶寶在晚上就完全不會哭喊，對寶寶或你而言，可以減輕多少壓力。在我當寶寶睡眠輔導師的經驗中，「聽寶寶哭泣」是睡眠訓練中最困難的部分。

抗拒進去抱孩子的衝動，想像在不遠的將來，寶寶在晚上就完全不會哭喊，對寶寶或你而言，可以減輕多少壓力。

雖然我可以教導大家讓孩子哭幾分鐘，「不會有事的」，藉以讓大多數父母克服對傷害嬰兒的強烈恐懼，還是有一些母親在嬰兒開始訓練之後就會變得極度憂慮，嚴重到睡眠訓練難以進行。多數我輔導的母親都能調節自己對嬰兒求救訊號的情緒反應，我向他們解釋，等待90秒的重點主要在母親本身，要讓自己平靜下來，爲我們的行爲設定界線，並努力克服媽媽的大腦。

教導寶寶一覺到天亮 關鍵點

- 尋找寶寶已經準備好接受睡眠訓練的跡象：體重超過5公斤，夜間餵食之間不會太過飢餓，晚上可以連續睡眠5到6小時。
- 晚90秒回應寶寶的哭泣，可以教導寶寶自我安撫。
- 睡眠倒退通常是縮短或刪減小睡時間的跡象。
- 了解睡眠剝奪與回應嬰兒哭泣的生理反應對你的影響，如此才能有效進行睡眠訓練。
- 想想徹夜好眠對你情緒及健康的好處。

PART 5

解決常見的睡眠問題

現在各位差不多已了解有關睡眠的一切了，前面讀過的篇章包括晝夜節律和睡眠科學，和光同步的重要性，作息如何幫助寶寶睡眠，太多小睡為何讓孩子半夜還活力十足。

利用溫和睡眠訓練，我們得以減輕可怕的睡眠訓練對你的壓力，即便如此，因為媽媽（和爸爸）大腦的生理變化，這件事還是很困難。但是堅持下去，你一定會成功，而且很快。你知道寶寶熟睡法的理論；現在讓我們付諸行動，一起解決寶寶的睡眠問題。在這一篇，我們將消除寶寶睡眠社群中的一些困惑——我們現在懂得多了！各位將讀到一些最常見的寶寶睡眠問題，並應用我們的寶寶睡熟法來解決這些問題。

第262頁＜你的寶寶睡眠法＞中的問卷，將幫助你為自己的寶寶睡眠時間表擬出一套專屬計畫。

第19章 關於寶寶睡眠的誤解

現在你們知道爲什麼小睡時間太多，以及晚上使用一般燈光對睡眠不利，也知道如何調整寶寶的睡眠時間，你已經可以試著恢復自己的夜間睡眠。然而，其他睡眠輔導師和寶寶睡眠書的意見呢？那些你曾經大量閱讀有關這類主題的部落格和新聞呢？更不用說你的朋友和媽媽都對這個主題有自己的想法呢？在育兒、兒科和寶寶睡眠社群裡，都存在著許多相互衝突的意見，有些是正確的，有些不太重要，有些是錯誤的，雖然我們無法全盤了解寶寶睡眠的每個面向，但科學研究已對睡眠和日常節律建立了牢固的基礎規則。讀完這本書後，各位將會了解睡眠的生理基礎，也希望各位能將這些新的知識應用到寶寶的睡眠上。我們的寶寶熟睡法不論方法和便利性都具有革命性意義。現在就來重溫有關寶寶睡眠最常見的概念，並且納入睡眠科學的脈絡中吧。如果你想閱讀更多每項主張的內容及其討論，或是想重溫記憶，以下列出的資料裡會更詳細地說明我的論證。

主張：「所有寶寶都是不同的。」

光線以同一方式影響所有人，同步了生理時鐘，助人清醒，並抑制褪黑激素（見第2章）。晚上限制使用一般光線可能有助多數寶寶在夜間安睡（見第5章）。同一年齡的寶寶各有不同的每日總睡眠需求，但所有寶寶年齡越大就睡得越少（見第3章）。限制白天的睡眠可延長所有嬰兒的夜間睡眠（見第10章）。

主張：「覺生覺。」

「如果他白天睡很多，晚上就會睡得更好。」錯！寶寶一天的睡眠需求有個總量，如果白天滿足了大半部分，他晚上就無法睡得久、睡得好，詳細內容請見第10章。

主張：「強加節律到寶寶身上是不健康的。」

科學研究顯示，晝夜節律可以幫助我們預測環境的變化，藉由爲寶寶建立餵食和睡眠的時間表，有助他組織身體、了解疲勞和飢餓感，並做出應對。嬰兒不會因不開心而哭，但會知道自己累了，該睡覺了，並且很容易入睡。設定餵食時間也能幫寶寶的身體為消化做好準備，他的腸胃道會預測餵食時間，開始釋放消化酶，快速有效地吸收營養。節律為寶寶提供了更健康、更快樂所需的結構。

主張：「光線沒有影響。」

多數父母不夠費心預防晨光照進育嬰房，而且很少會在寶寶就寢時使用紅光燈，或在育嬰房擬定嚴格的光線規定。這些是最容易實施的，而且會對嬰幼兒的睡眠產生強大的影響。夜晚使用紅光燈有助寶寶入眠，晨光無法照進房間，他就能一直睡到合理的時間，並配合你的作息時間（見第2章和第5章）。

主張：「讓寶寶保持清醒是不健康的。」

延長寶寶在兩次小睡之間的清醒時間，或是晚點讓他們就寢，並不會造成什麼傷害，只要變化不要太劇烈。我們在減少小睡時間或刪減小睡次數時，希望寶寶可以清醒得久一點，你可以和他玩，或是抱著他、安撫他，然後再將他放到床上。剛開始上幼稚園的幼兒到了晚上會比較累一些，可以試著提早就寢時間；如果他一直能提早入睡，而且能整夜安眠，那麼提早就寢時間就是有效的。然而，如果他只是在某一個晚上感覺累，試著堅持一下，給他多一些注意力，洗澡洗久一些，做些其他事讓他開心，直到平常的就寢時間再讓他睡（見第16章）。當然，你必須運用你的判斷力和直覺，你一定不希望孩子太煩躁而無法平靜下來，或是無法入睡，但對嬰兒來說，延長15到30分鐘的清醒時間，或是幼兒、大一點的孩子延長1小時的清醒時間，都不成問題（見第10章）。

主張：「你絕不該吵醒睡著的寶寶。」

只要寶寶的總睡眠需求已經滿足（而且沒生病或因其他理由疲倦），早上起床時間一到，或是小睡時間到了，就可以叫他起來，避免他睡個不停。這有助於打造一套穩定的作息，因爲越累，夜間睡眠也能越好、越久（見第2章）。

第20章 常見的睡眠問題及解決方法

現在，是時候試試新學到的知識，將睡眠原則和晝夜節律應用於嬰兒的作息和睡眠。以下是父母最常遇到的幾個問題和解決方法。

寶寶決定在半夜起床玩耍或喝奶

父母最常面對的問題便是寶寶太早起床。如果寶寶早上5點醒來，想要開始新的一天時，父母很難堅持讓他繼續睡覺，父母屈從於自己孩子的願望，勉強在這個惱人的時間開始新的一天，但還是希望這種情況會消失，正常的睡眠即將回來。不幸的是，他們錯了。因爲縱容寶寶的心血來潮，他們實際上讓寶寶生理時鐘的起床時間同步到早上5點。

如果你的寶寶太早醒來，應該試著讓他繼續睡。保持環境黑暗，只打開紅光燈，小聲說話，搖搖他，安撫他，必要時可以將他抱起來搖一搖，如果眞有必要，就餵他喝一點奶，然後將他放回嬰兒床裡。重複幾次這樣的行爲，幾天後，你的寶寶會了解晚上是睡覺時間，並且會在你指定的起床時間自行醒來。要遵循的建議中，最重要的是讓房間保持黑暗，在需要的時候也只開紅光燈，安撫寶寶，但不要留在房間裡——你必須表現出是時候睡覺了。如果寶寶無法安靜下來，回頭再安撫他，然後再次離開。如果寶寶想喝奶，但你知道他不是眞的肚子餓，只是想要安撫，請抵抗餵他的衝動。對許多母親來說，在心理上非常難以抗拒餵食一個哭泣的寶寶，尤其是他明顯不高興，這時候你可以請伴侶去安撫他，你的伴侶會找到其他的方式安撫寶寶，而他也無法堅持要喝奶。

要遵循的建議中，最重要的是讓房間保持黑暗，在需要的時候也只開紅光燈。

起床時間要保持一致，只在設定好的起床時間打開窗簾，前幾個晚上會很困難，你可能每隔幾分鐘就得回到嬰兒房安撫一個想在凌晨5點開派對的愛哭寶寶，但只要你堅持計畫，很快就能得到回報。如果他還是一直提早起床，請檢視他日間小睡時間，試著縮短他日間的睡眠總時數，增加他晚上的睡眠壓力，可以幫助他在整個夜晚睡得更好。

寶寶晚上很難入睡

你或許想把寶寶無法入睡的現象解讀成他的就寢時間過早或過晚，這種想法是錯誤的。你依據第121頁制定就寢時間，而你的任務是嚴格的重複行爲，調整日間小睡時間以增加睡眠壓力，讓他的生理時鐘能同步，在你設定的時間上床睡覺。如果他每晚睡覺前都要哭好幾個小時，他有可能是累了，但他白天小睡太多，所以無法入睡，因爲他還不夠累。請以第62頁的「寶寶睡眠表」檢查他的日間小睡時間，如果和同齡小孩相比，他們等於或高於平均睡眠量，試著減少小睡時間，看看能否促進夜間睡眠（見第10章）。隨著寶寶的成長，你或許要1小時、1小時地調整就寢時間。

寶寶小睡時無法入睡

如果已經有良好的同步化，還是一直發生這種情況，那麼他可能不再需要這一次的小睡，而且準備好刪減它了（如何刪減小睡次數請見第15章）。如果他在減去這次小睡後，一直感覺非常疲累又愛鬧脾氣，或是隨時隨地都會睡著，他可能還沒準備好跳過這次小睡。請回頭訓練他在特定時間小睡，使用睡眠輔助工具幫助他入睡（睡眠輔助工具請見第7章）。時間點可能也是個問題，寶寶可能可以在兩次小睡之間清醒更長的時間，那麼請試著將小睡時間延後半小時。如果難以入睡的小睡時間是午餐後的午睡，在用餐最後可以讓他喝奶，這有助於誘發睡眠，然後立刻將他放到床上。飽腹也可以幫助他入睡。

還沒到就寢或小睡時間，但寶寶又累又鬧

這種情況比較常發生在較小的嬰兒身上，在你建立穩定的時間表之前，偶爾也會發生在寶寶或幼兒生活出現改變時，例如開始上幼稚園、搬家、有新的弟弟妹妹或是度假時。如果他太胡鬧，沒辦法安撫就讓他睡，但盡可能地堅持照表

作息，在夜晚就寢時間更要這麼做。

你可以用玩遊戲、抱著他，或其他方式分散注意力，依寶寶的年齡有不同的維持時間，很小的嬰兒如果累了，保持清醒的時候無法超過15到30分鐘。每天越可以按表重複小睡時間，越可以同步寶寶的生理時鐘，嬰兒或幼兒越能在設定的時間睡著。如果他一直比以前疲累，可能是進入了發育陡增期，或是因爲他開始上幼稚園，生活發生改變才會比較累。試著提早30分鐘到1小時讓他上床睡覺，如果不會影響夜間睡眠及早上起床時間，他可能眞的需要較長的睡眠時間。

嬰兒或幼兒跳過一次小睡卻累了

對較大的嬰兒和幼兒來說，這問題特別嚴重，他們每天不再需要特定的小睡時間，但沒有小睡又會感到疲倦，你會忍不住想把胡鬧的小孩早點放上床睡覺。盡可能地維持他平時就寢的時間，但不要讓嬰兒或幼兒變得太過胡鬧，如果讓他太早睡覺，他可能也會太早起床，甚至隔天傍晚會比較累。堅持按表作息，才能維持穩定的生活節奏，以及適當的時間相位調整。

寶寶晚上很累，但離就寢時間還很遠

如果你希望寶寶最長的睡眠時間能和你睡覺的時間一致，晚上就不能讓寶寶太早上床。許多媽媽會說：「但他晚上7點就好累了，我要怎麼讓他保持清醒？」這時候，你對生理時鐘的了解便能派上用場。他晚上7點累了，可以讓他打個瞌睡，但別關燈，也別做就寢前的一連串流程，不要用布裹著他，不要用白噪音，不要讓他覺得現在是晚上了，不要用紅光燈，不要小聲說話。如果他白天的小睡時間都在育嬰室或搖籃外，那這次的瞌睡也應該在育嬰兒室搖籃外。睡著的時候不要讓環境太安靜，如此他醒來時也會知道現在是白天，這種行為將有助於嬰兒區分小睡和夜間睡眠。晚上7點時，他便不會睡得太久，在就寢時間前他還會有一段清醒時間。到了晚上10點，等你將他放到床上準備就寢，你要進行一連串的就寢流程，包括洗澡、在育嬰室內哺乳，使用紅光燈，小聲說話，抱著他搖晃，這都能讓寶寶知道現在是就寢時間了。每天同一時間重複這些行為，你能訓練寶寶知道晚上7點是小睡時間，晚上10點是就寢時間。

解決常見的睡眠問題

關鍵點

- 多數寶寶睡眠建議沒有科學根據。
- 科學證據能提供明確的指導方針，幫助嬰兒入睡。

PART 6

週末、假日及時區變化

我希望各位都已經相信為寶寶創造正確的照明環境、設定適當流程和時間表，能發揮多麼強大的力量。但你或許也好奇，如果不在家或是情況改變時，這些時間作息該怎麼辦？如果你帶著寶寶旅遊呢？週末、放假和度假時呢？

第21章 週末及假期

許多家長說，週末或假期時會晚一點才把嬰兒和幼兒放上床睡覺，因爲他們自己也比較晚睡，如果可以，早上還想賴個床。因爲兩個理由，這種情況會造成問題：它會讓寶寶的節律延遲到較晚的相位，這有可能影響日夜睡眠的平衡。週六對嬰兒及幼兒而言，通常比較不好過，因爲週間工作的爸媽都待在家裡，而平時的照顧者不在了，幼稚園也沒開；週一也很困難，因爲他們要換回週間的作息。兒童在週末不只大多時間由父母照顧，他們做的事、去的地方也和週間不一樣；假期時這些改變更加嚴重，孩子認爲正常的一切都不一樣了。因此孩子們，特別是幼兒，在週末及假期會舉止失常，一切都不一樣了，這對他們而言很困難，他們需要時間處理這樣的轉變。

讓孩子在週末及假期的作息與週間一樣，可幫助他們調適。

讓孩子在週末及假期的作息與週間一樣，可幫助他們調適，知道接下來會發生什麼事，能讓他們有安全感，寶寶熟睡法的威力就在於它的穩健性。如果你只是某一天讓孩子晚一點睡覺，或是讓他睡到很晚，並不會影響他的睡眠或愉悅，但是，例外只能是例外。

當然，我知道出門在外不太可能遵循這套規則，有時候你們到了飯店房間、旅社、祖父母家等，發現很難阻隔早晨射入嬰兒房裡的光線，你好不容易訓練好的嬰兒睡眠將要面臨考驗。盡你所能，發揮你的創意，如果你必須搭建臨時的育嬰房，可以利用大衣櫥，或是把毛毯掛到窗簾桿上，充當遮光窗簾，也可以帶著攜帶式窗簾或嬰兒床遮光罩（參考下頁「寶寶旅行睡眠好物」），利用其他家具為嬰兒床創造一個黑暗的角落。你也可以把孩子放到地下室，不過前提是安全，他夜裡哭泣時你還能聽得到。盡可能為寶寶創造一個黑暗的睡眠環境，如果沒這麼做的話，很快會發生一些無法避免的事：寶寶會提早醒來——準確來說，就在日出之後。如果無法改善光線環境，你們至少知道會發生什麼事，與其反覆挫折地期待寶寶能像在家裡一樣睡得很久，不如知道他會在旅程中提早醒來，因爲晨光會重置他的生理時鐘，讓他早一點起床。如果不是過早的日出，那麼整個家庭因此早點就寢、早點起床也很合理。

至於就寢時間，可以帶個紅光燈泡。你的孩子已經訓練在就寢時間使用紅光燈泡，如此一來，離家必須在黑暗中睡覺時，他會表達抗議。解決方法呢？換掉飯店房間或其他地方的燈泡，把房裡的亮光燈泡換成你帶的紅光燈，搞定！離家也能進行晝夜節律訓練，包括在就寢時間釋放最佳的褪黑激素。祝福你們全家都有個好夢！

寶寶旅行睡眠好物

（購買來源請見第267頁）

- 紅光燈泡
- 攜帶式遮光窗簾
- 攜帶式嬰兒床遮光罩

- 白噪音機器
- 白噪音 app

與其反覆挫折地期待寶寶能像在家裡一樣睡得很久，不如知道他會在旅程中提早醒來，因為晨光會重置他的生理時鐘，讓他早一點起床。

第22章 跨時區旅遊

我的孩子滿3歲和5歲之前，從沒帶他們做過跨洲旅遊，也沒帶他們回我的家鄉德國。爲什麼？因爲我怕死了時差會讓他們精心調整好的睡眠作息大亂。別誤會，我是很想到柏林拜訪我妹、我爸媽或是和孩子們環遊歐洲，但我了解時差對自己的影響，所以我幾乎不考慮在這種情況下和兩個身處時差、作息大亂的幼兒共度一週，這只會把他們的媽媽變成一隻睡眠不足的殭屍。

先來說個關於時差的小故事，爲此，我需要帶各位穿越時空，回到我研究所的最後一年，地點：慕尼黑；年份：二〇一一年。經歷五年偶爾興高采烈，但大多數時候極度疲勞的實驗室工作後，我筋疲力盡、滿心沮喪，隨時準備結束一切，以便繼續我的生活。畢業後的旅行計畫，是讓我熬過時時刻刻實驗失敗的一線希望，不是去柏林或羅馬旅行，而是亞洲，很遠很遠的地方。爲了逃離，爲了審視自己，爲了尋找自己，不只是一、兩個星期，而是一個月，或兩個月。

所以我終於在二〇一二年二月通過博士答辯，正式成爲阿克塞爾羅德博士，我成功了。我帶著壓抑許久的旅行欲望，計畫了一趟壯遊，在六個禮拜探索四個國家。旅行的第一站，我和媽媽去了越南和柬埔寨，我夢寐以求的國家，從德國到河內的12小時航程是個不好的開始，因爲大霧和飛行計畫改變，飛行時間延長了，等我們到「河內」時，我知道自己有麻煩了。我野心勃勃地預定了一日遊的旅行，然而我馬上因時差而虛弱到寸步難行。我眞的想在早上5點起床，好好看看千年前的皇家宮殿，儘管我起床了，但我的身體不適應，因爲身體還在德國時區，我晚上無法睡覺，因此我累極了，一直很累。在越南的第一個禮拜，我很痛苦：頭暈目眩，心情極差。等我們到下一站「會安」，我必須待在飯店房間裡睡覺，直到身體舒服一些。

寶寶成功睡眠的故事：時差

艾蜜莉亞3個月大時，我開始輔導她的爸媽，全家因此獲得10小時美好的夜間睡眠。艾蜜莉亞4個半月大時，全家從紐約飛到洛杉磯，她的睡眠突然變得很差，開始在早上2點醒來，一路清醒到早上4點，而且她很抗拒小睡。一週後，他們回到紐約，茱莉媽媽希望艾蜜莉亞的睡眠能回到常態，但寶寶每晚還是會醒來八次，很難安撫，「歇斯底里」地哭，半夜可以醒來哭泣2.5小時。茱莉沒有餵她，而是把她放在嬰兒床裡，只有在她非常不開心的時候才會抱起她。茱莉告訴我，她幾天前回到工作崗位，不知道這是否和艾蜜莉亞睡不好有關，此外，艾蜜莉亞正在長牙。

跨時區旅行對嬰兒的睡眠而言是一項挑戰，因為在不尋常的時間活動、在光線下會導致生理時鐘混亂，也稱為時差。洛杉磯的時間比紐約晚3小時，就寢、起床和活動時間的突然變化，嚴重破壞了艾蜜莉亞的睡眠，傍晚和夜間無法再展現強烈的節律，不僅未分泌大量褪黑激素，還因長時間的光照受到抑制，讓她的生理時鐘混亂，紐約時間早晨5點該起床的時候，洛杉磯還是凌晨2點，正是睡覺時間。

如果是短於一週的旅行，我建議還是讓嬰兒維持原本的時區，尤其是時差只有3小時，那表示艾蜜莉亞在紐約晚上7點的就寢時間變成下午4點，早上5

點起床時間則變成早上2點。聽來很瘋狂？可能吧，但這是避免時差和睡眠不良最簡單的方法，你只需要一個條件就能在洛杉磯維持紐約的節律：遮光窗簾，如此一來，就可能在下午4點就寢了。

如果維持紐約時間太不實際，便讓寶寶慢慢轉移至洛杉磯時間，一天1小時地改變他的作息，一直到離開前都是如此。也就是說，第一天在下午5點就寢，第二天改到下午6點，依此類推。這可能還是很困難，但不像試圖一次調整3小時那樣混亂和破壞性，也不會讓寶寶哭個不停。回到紐約後，父母也可以這麼做，只不過是相反的方式。如果艾蜜莉亞要調到洛杉磯時間，她晚上7點的就寢時間會變成紐約時間晚上10點，所以一天調整1小時，讓她的身體有時間適應。現在她的節律已經受到干擾，就要回到基礎，將她的節律調整回紐約時間可能得花上一週，每天維持一模一樣的光線環境和作息至關重要。

看來時差是導致艾蜜莉亞倒退的原因，但這只是部分原因，在生活中經常如此，許多事情會同時發生變化，很難將原因與巧合區分開，我希望這本書能幫助你分辨兩者的不同。請看第62頁的寶寶睡眠表，4個半月的嬰兒白天睡眠不該超過3小時，艾蜜莉亞現在每個白天睡4小時，必須限制她的白日睡眠量。此外，為了延後早晨5點的起床時間，她需要晚一點就寢，寶寶睡眠表告訴我們，如果想讓艾蜜莉亞在早上7點起床，要在10至10.5小時前讓她睡覺，大約是晚上9點，如此她才可以睡久一點。

嚴格遵守作息，也嚴格執行日夜間模式，能慢慢幫助克服時差，但可能得花上一週才能重新同步好艾蜜莉亞的節律。最後一步是重新執行溫和睡眠訓練，停止艾蜜莉亞夜間醒來的問題。等艾蜜莉亞的節律又妥善同步回紐約時間，她在晚上也更加疲累時，很快就能一覺到天亮，讓她重拾睡眠的信心。艾蜜莉亞的爸媽在家執行新的作息短短一週後，她的睡眠又恢復正常。

睡了一覺，身體調整至當地時間後，我的旅行漸入佳境，整個經歷卻很痛苦（旅行充滿異國情調，但感到痛苦）。如果當初了解現在知道的一切；6個月後我在麥可．楊恩的實驗室裡擔任博士後研究員，研究睡眠和晝夜節律，就可以避免這種強迫性的內外時鐘不同步。幸好我還能活著告訴大家，遇到這種情況該怎麼做。

基於今日我們對生理時鐘和時差的了解，我發展出一套避免的方法，至少能讓跨時區帶來的不適最小化。我和家人都試過這個方法，也成功指導了許多父母施行這套方法。同樣重要的是，如果不是去旅行，但你的家人或孩子需要執行一套新的作息，例如孩子開始上學，或是從標準時間過渡到日光節約時間等情況，都應該使用同樣的方法。

就我們所了解的一切，我們顯然知道如何最大程度地減少時差和失眠的夜晚。但首先，先溫習在第2章學過的相移，因爲這就是在跨時區旅行時會發生的事：

- 我們的內在時鐘爲24小時的節律。
- 黑暗與白光會改變時鐘，但紅光不會。
- 我們做或不做的事都會強化或削弱生理時鐘。
- 相移會暫時削弱節律，干擾睡眠。

基於這些事實，解決方法是不要過於突然地進行相移。想知道該採取什麼步調，就需要討論光線如何重置時鐘了。

我的導師麥可·楊恩找到果蠅生理時鐘「週期」和「永恆」兩個核心基因後，他問了一個重要的問題：晝夜不同時間的光脈衝如何影響果蠅的節律？爲了回答這個問題，他讓果蠅在不同晝夜時間照射10分鐘的光脈衝，研究人員連續數天監測果蠅照射光脈衝之後的行爲，釐清光線是否會改變他們的節律，以及改變的程度。結果發現，照射一次10分鐘的光脈衝就足以改變果蠅的相位——也可以說，引發了人工時差。

如果果蠅入睡後還曝露在光線下，就好像他們的白天比正常時間更長，或者好像向西旅行，他們的行爲節律就被延遲了。相反的，如果在黎明前的凌晨照光，會讓他們的相位提早，相似於向東旅行。這份資料有趣的是，延遲或提早的改變程度不相等，一次的夜晚光照最多可以導致3.6小時的相位延遲，但早晨的光照最多只會提早2小時的節律。數年後，研究者對人類進行了幾乎相同的實驗，結果令人震驚：人類就像果蠅一樣，不只會因光線改變節律，夜晚光照會使節律延後，早晨光照使節律提前，且相移的程度是相同的，就像果蠅一樣，人類在夜晚光照最多可導致3.6小時的相位延遲，而早晨光照最多只會使相位提早2小時。

> 就像果蠅一樣，人類在夜晚光照最多可以導致3.6小時的相位延遲，而早晨光照最多只會使相位提早2小時。

隔年夏天，我們家想從紐約去柏林旅行，要如何使用我的方法，才能最大程度地減少時差呢？我們向東旅行，這表示我們需要提早相位，而我們每天最多只能提早約2個小時，紐約到柏林有6個小時時差，與其直接飛到那裡，面對因時差引起的生理時鐘混亂，我們做了兩件事：

1. 還在紐約時「向東旅行」
2. 到了柏林時「留在西邊」

這是什麼意思？非常簡單：在旅行到德國前，全家慢慢地將節律提早幾個小時，但要盡可能地配合我們的日常節律，1到2小時應該是可行的。

我們提早一週開始比平常提前1小時起床，也提早1小時就寢，例如睡覺時間從晚上9點提早到8點。然後，在飛行的前一天，我們會比平常早2個小時就寢、早2個小時起床。從時區看，我們現在已經從紐約出發，走了三分之一的路，大約在大西洋的某個地方，往德國的班機通常是跨夜的紅眼班機，可能會因時區變化和睡眠不足而導致嚴重時差。因爲在飛行前的調整，我們在飛機上有可能享有眞正的睡眠，因爲我們的節律已經將就寢時間提早。如果可以選擇跨夜班機的時間，應該選晚一點起飛的班機，離就寢時間越近越好，晚上5點起飛的班機時間最差，因爲飛行時間大約8小時，落地時間將是紐約的半夜1點，這時候大多數人才剛睡了幾個小時，但在柏林，已經是早上7點。如果在半夜1點前，你可以在那些不舒服的班機上睡覺，大概也只能睡2個小時，然後你落地了，走出飛機時是柏林的早晨，正是起床的時候。睡眠剝奪加上早晨的光線成了最討人厭的組合。

抵達柏林後，我們繼續緩慢的調整，一天2個小時，那表示對孩子來說，第一晚的就寢時間不會是柏林時間晚上9點（紐約時間下午3點），而是柏林時間晚上11點（紐約時間晚上5點，大西洋某地時間晚上7點，也就是我們目前的時區）。第二天的起床時間不是柏林時間早上8點（大西洋某地的早上4點），而是早上10點（大西洋某地的早上6點），等第二天晚上就能完全轉換到柏林時間，在當地時間晚上9點就寢，隔天早上8點起床。搞定！三天就能從紐約時區轉移到柏林時區，而且沒有時差！

寶寶的小睡時間也要依就寢和起床時間的間隔進行調整，在時區轉移的過程，你的節律尚未調整至當地時間前，最好的伙伴是紅光燈泡及攜帶式遮光窗簾（見第267頁），早上要同時使用這兩個工具，才能預防新時區的光線進入，干擾破壞你的生理時鐘。

如果只是幾天的旅行，我不會費心轉移到當地時間，你可以使用原本的作息，以紅光燈和遮光窗鐘控制光照的環境，好讓身體維持在原始時區。或是你可以調整到中間時區，避免兩次時差（去程一次、回程一次），尤其你只是去旅遊，不必遵守任何特定的會議行程。

如果只是幾天的旅行，我不會費心轉移到當地時間。

如果你的旅行超過五天，第三到第五天自然會完全轉移到新時區，在飛回原本時區之前要調整回來：晚1到2個小時就寢，隔天晚一點起床，重複數日直到飛行日。記住，相位延遲比相位提前容易！這表示，比起一開始的向東飛行，我們從柏林時區調回紐約時區比較容易。抵達紐約後，我們只需要花費一、兩天就能完全換回紐約時區。

在旅行前，寫下每個時區相移的作息，包括小睡、吃飯、就寢、起床，還有中間的步驟。雖然這似乎是個大工程，理論上「順其自然」似乎是處理時差時較自然的方式，但若是在旅行途中或回家後，你的孩子都能在夜間安眠，這一切就有了回報，你可以更享受旅程，回家後也能快速回到原本的作息，不會有任何旅遊引發的睡眠問題。

在旅行前，寫下每個時區相移的作息，包括小睡、吃飯、就寢、起床，還有中間的步驟。

當然，向西旅行時也適用這一套方法。在旅行的前一週左右，自己和小孩都要晚1小時就寢、晚1小時起床，靠近飛行日前，再延後1小時。這樣通常比較難配合我們的作息（大多數人無法晚1個小時上班），但盡力調整吧。在跨夜班機上，善用飛行時間，可以看一、兩部電影延後睡眠時間，如此便能在途中調整作息，降落時也調好一半時差了，但熬夜時間不要超過原本就寢時間3個小時。以北京爲例，等你抵達目的地，那裡的時間比原本晚11個小時（在日光節約時間則晚12小時），讓孩子晚一點就寢，但延遲時間不要超過3小時，不然會引起晝夜節律混亂。也就是說，正常的就寢時間是晚上9點，便逐漸將時間調到下午1點、4點、7點，然後才是9點。用遮光窗簾讓房間保持黑暗，讓孩子們好好睡覺（其他要攜帶的物品見第232頁的「寶寶旅行睡眠好物」）。起床時間依就寢時間加上需要的夜間睡眠時數制定，等到隔天早上（以北京標準而言仍是半夜）起床時間一到，你和孩子的賴床時間不能超過1小時。以我的孩子來說，他們晚上通常睡11個小時，我讓他們睡12小時，並漸漸將起床時間

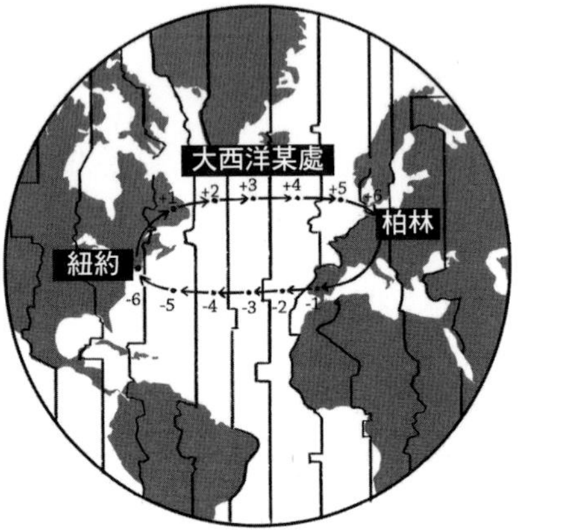

如何避免時差

旅行前，開始轉換至你將前往地點的時區，舉例來說，如果從紐約前往柏林，飛行前一週就要開始調整，就寢和起床時間都要提早1小時，飛行前兩天再提早1小時。你還未調整至柏林時間，但也快了，你已經換到大西洋某地的時區。抵達柏林後，不要馬上跳到當地的時區，一天調整時間不要超過2小時，這表示早上得利用遮光窗簾，才能維持在大西洋某地區的時區，三天後，你便能完全換到柏林時間。回程要相反地做同樣的事情：在飛行前延後就寢和起床時間，等回到紐約時，傍晚利用遮光窗簾，一天調整不超過3小時（身體作息延遲比提早容易，因此向西旅行比向東旅行的調整更快、更容易）。

從早上1點調整至4點、7點，然後是8點，就我看來，結果不錯！相移僅用了四天就完成，而且沒有時差！在半夜開始新的一天，聽來有些瘋狂，但說眞的，只有在第一天必須在早上1點起床算是瘋狂。

依我所見，如果拿一天奇怪的起床時間，能換來完整的「夜間」睡眠，還能減少嬰兒的哭泣，就值得了。

以下是爲整個家庭跨時區旅行設計的無時差方法：

向東旅行

1.旅行前一週，就寢時間和起床時間都提早1小時。

2.旅行前兩天，就寢時間和起床時間再提早1小時。

3.如果是跨夜班機，盡可能選擇符合孩子就寢時間的航班，且在登機後盡快睡覺。

4.到達目的地後，每天的調整不要超過2小時，利用遮光窗簾和紅光燈讓早晨也能像夜晚。

5.回程班機前四天，就寢和起床時間都要延後1小時，準備調回家鄉的時區。

6.嬰兒小睡的時間不能延遲超過1小時，視寶寶所在的時區而定。

7.班機前兩天，就寢和起床時間再晚1小時，準備調整回家鄉的時區。

8.回到家後，每天的調整時間不能超過3小時，利用遮光窗簾和紅光燈，讓傍晚也能像深夜。

9.依據身體所在的時區，繼續調整小睡的時間。

向西旅行

1.旅行前一週，就寢時間和起床時間都延後1小時。

2.旅行前兩天，就寢時間和起床時間再延後1小時。

3.如果是跨夜班機，在飛機上延後就寢時間以調整相位，大人最多可以延後3小時，小孩不要超過2小時。

4.到達目的地後，每天的調整不要超過3小時，利用遮光窗簾和紅光燈，讓傍晚也能像深夜。

5.依身體所在的時區，早上賴床的時間不能超過1小時。

6.小睡延後的時間不要超過1小時，視所在時區而定。

7.如果旅行超過一個禮拜，在回程班機前一週，就寢和起床時間都要提早，以準備調回家鄉的時區。

8.如果旅行時間短於一週，每天的調整時間不要超過3小時；如果這樣無法完全調整至當地時間，別擔心——沒有必要完全調整好。

9.班機前三天，就寢和起床時間提早1小時，準備調整回家鄉的時區。

10.回到家後，每天的調整時間不要超過2小時，利用遮光窗簾和紅光燈讓早晨也能像夜晚。

11.依據身體所在的時區，繼續調整小睡的時間。

範例一：帶著2歲幼兒從紐約飛到柏林。時差早6小時，在柏林停留7天。

・一般作息：
起床時間……早上8點
小睡時間……下午1至2點
就寢時間……晚上9點

・出發前1週：
起床時間……早上7點
小睡時間……下午12至1點
就寢時間……晚上8點

・出發前2天：
起床時間……早上6點
小睡時間……上午11點至中午12點
就寢時間……晚上7點

．旅行日，飛行時間下午5點至凌晨1點：

起床時間⋯⋯⋯早上6點

小睡時間⋯⋯⋯早上11點至中午12點

就寢時間⋯⋯⋯晚上6點（在飛機上應該很容易）

．抵達後第1日：

起床時間⋯⋯⋯早上7點（飛機降落）

小睡時間⋯⋯⋯早上11點至下午2點（因爲晚上沒睡飽）

就寢時間⋯⋯⋯晚上8點

．抵達第2日：

起床時間⋯⋯⋯早上7點

小睡時間⋯⋯⋯中午12點至1點

就寢時間……晚上9點

・抵達第3日（居家作息）：

起床時間……早上8點

小睡時間……下午1至2點

就寢時間……晚上9點

・抵達第4至5日：

起床時間……早上9點

小睡時間……下午2至3點

就寢時間……晚上10點

・抵達第6日：

起床時間……早上10點

小睡時間……下午3至4點
就寢時間……晚上11點

．第7日，移動日，飛行時間中午12點至晚上7點：
起床時間……早上10點
小睡時間……下午3至6點（因爲在飛機上所以睡比較久，而且可將就寢時間往後推）
就寢時間……晚上9點

．第8日，在家：
起床時間……早上6點
小睡時間……早上11點至中午12點
就寢時間……晚上8點

・第9日，在家：

起床時間………早上7點

小睡時間………中午12點至下午1點

就寢時間………晚上9點

・第10日，在家：回到原本的作息

範例二：帶著2歲幼兒從紐約飛到北京。時差晚11小時（11月至2月；若是3月至10月，因爲日光節約時間，時差晚12小時）北京停留14天。

・一般作息：

起床時間………早上8點

小睡時間………下午1至2點

就寢時間………晚上9點

・出發前1週：
起床時間………早上9點
小睡時間………下午2至3點
就寢時間………晚上10點

・出發前2天：
起床時間………早上10點
小睡時間………下午3至4點
就寢時間………晚上11點

・旅行日，飛行時間下午3點50分至晚上6點55分：
起床時間………早上11點
起飛時間………紐約時間下午3點50分

小睡時間………紐約時間下午4至7點（因爲夜間睡眠時間縮短，所以小睡時間較長）

落地時間：北京時間晚上6點55分

・抵達後第1日：

起床時間………早上3點

小睡時間………上午8至9點

就寢時間………下午4點

・抵達第2日：

起床時間………早上6點

小睡時間………早上11點至中午12點

就寢時間………晚上7點

・抵達第3至9日（居家作息）：
起床時間………早上8點
小睡時間………下午1至2點
就寢時間………晚上9點

・抵達第10至11日：
起床時間………早上7點
小睡時間………中午12點至下午1點
就寢時間………晚上8點

・抵達第12至13日：
起床時間………早上6點
小睡時間………上午11點至中午12點
就寢時間………晚上7點

·第14日，飛行時間北京晚上5點至早上7點：
起床時間……早上5點
小睡時間……上午10至11點
就寢時間……晚上6點

·第15日，移動／到家：
起床時間……北京早上4點／紐約下午3點
小睡……紐約下午8至9點
就寢時間……紐約早上2點

·第16日，在家：
起床時間……早上11點
小睡時間……下午4至5點

就寢時間……早上12點

・第17日

起床時間……早上9點

小睡時間……下午2至3點

就寢時間……晚上10點

・第18日，一般作息：

起床時間……早上8點

小睡時間……下午1至2點

就寢時間……晚上9點

週末，假日及時區變化

關鍵點

- 孩子在週末及週間的作息應保持一致。
- 度假時如果在同一個時區，則維持平時的作息，用攜帶式窗簾和紅光燈，幫助重新創造常用的燈光環境（見第267頁「寶寶好物」）。
- 如果跨越時區，可以創造相移避免時差，在旅行的前、中、後，慢慢地轉移到你想要的時間，但每天不超過3小時（向東旅行為2小時）。
- 跨越時區旅行時，可在家裡或目的地利用遮光窗簾及紅光燈，慢慢地轉到新的時區。
- 向東旅行比向西旅行困難，因為對我們的身體來說，延後相位比提早相位容易。

〈附錄1〉

你的寶寶睡眠法

你成功了！你一路堅持，跟著我讀完了這本書。恭喜你！你已經準備好體驗自己的寶寶成功睡眠故事，接納書中的研究和建議，鼓勵你的寶寶安睡整夜。

我希望你現在已經很清楚了，我的目標不是隨便向你強迫灌輸一套規則，而是基於生理時鐘和睡眠驅力的迷人科學，讓你更加了解情況，幫助解決寶寶丟給你的睡眠問題。這一部分將幫助你實踐本書的知識，應用在你的寶寶身上。

下列問卷將指導你完成這套方法的三個步驟：

1.光線與睡眠環境

	是	否	說明
你有沒有紅光燈？			快去買一個！（購買方式請參考第 267 頁）
你有沒有遮光窗簾？			安裝固定或可拆除的遮光窗簾。（購買方式請參考第 267 頁）
寶寶是否睡在自己的嬰兒床？			將他放在他自己的嬰兒床，這能讓他學會自我安撫。
寶寶是否睡在自己的房間？			兩個月大後，如果可能，讓他睡在自己房間。
寶寶是否和兄弟姊妹一起睡？			讓睡得最不好的孩子睡在自己的房間，這樣其他家族成員才能得到所需要的休息。

2.作息與小睡

	回答	說明
你想在什麼時候起床？		什麼最適合你和你的家人？
寶寶多大了？		如果是早產兒，請使用校正後的年齡。
依寶寶的年紀，日間睡眠建議總量是多少？		請查閱第 62 頁的寶寶睡眠表。
計算寶寶新的就寢時間。		新的就寢時間＝你想要的起床時間扣除寶寶的夜間睡眠建議量，再加上寶寶夜醒的緩衝時間。
寶寶應該小睡幾次？		請查閱第 62 頁的寶寶睡眠表。
寶寶的總小睡時間應該多久？		請查閱第 62 頁的寶寶睡眠表。

3.夜間的睡眠

	答案	說明
你的寶寶是否超過 5 公斤？		超過 5 公斤的寶寶通常已足夠成熟，夜間可以睡 6 小時以上。
你的寶寶有多大？		寶寶 3 個月大左右通常已經準備好接受溫和睡眠訓練法。
你的寶寶夜間是否曾經睡超過 5 或 6 小時？		只要寶寶表現出他可以連睡 5、6 個小時，中間不需餵奶，就勇敢地開始吧！
寶寶醒來哭泣時，是否有時候會在餵奶時又睡著？		夜間起來吵著喝奶的寶寶不一定是餓了，也可能是為了要人安撫，是時候進行睡眠訓練了！
以上的問題答案都是肯定的嗎？		如果沒有，請不要絕望。保持輕度訓練，培養作息和固定小睡時間，等到寶寶表現出準備就緒的跡象，再開始溫和睡眠訓練法。如果是，恭喜你！寶寶已經準備好接受睡眠訓練！
晚上應該要等多久再進去餵寶寶？		以寶寶最長的睡眠時間減去 1 小時，計算出餵養寶寶前需要等待的時間。
寶寶晚上哭了，如果該哺乳了，我要怎麼辦？		哺乳寶寶，在他昏昏欲睡，但還沒睡著時就放回嬰兒床裡，然後離開房間。
寶寶晚上哭了，如果還沒到哺乳的時候，我要怎麼辦？		依循我的溫和睡眠訓練法： ①進房檢查寶寶情況前先等 90 秒。 ②讓寶寶躺在嬰兒床裡安撫他。 ③ 2 至 3 分鐘後離開，即使寶寶還在哭也要離開。 ④重複這個過程，直到寶寶睡著，或是到餵奶時間。

〈附錄2〉

寶寶睡眠法圖表

下頁這張圖表總結了本書對寶寶睡眠所列出的三個步驟，你可以將它剪下來，貼在冰箱上，或是拍照放在手機裡隨時參考。

改善睡眠三步驟

①光線和睡眠環境

寶寶對光線很敏感，晚上的光線會減少睡眠荷爾蒙褪黑激素的分泌，早上的光線會重置生理時鐘。

▷紅色光

▷遮光窗簾

②小睡和時間表

寶寶每 24 小時有一定量的總睡眠需求隨著成長至成人，時間會逐漸減少。

小睡會減少夜間睡眠

▷根據這張表調整小睡

▷根據希望的起床時間設定就寢時間

▷抗拒小睡代表寶寶需要的睡眠變少了可以縮短或刪減小睡。

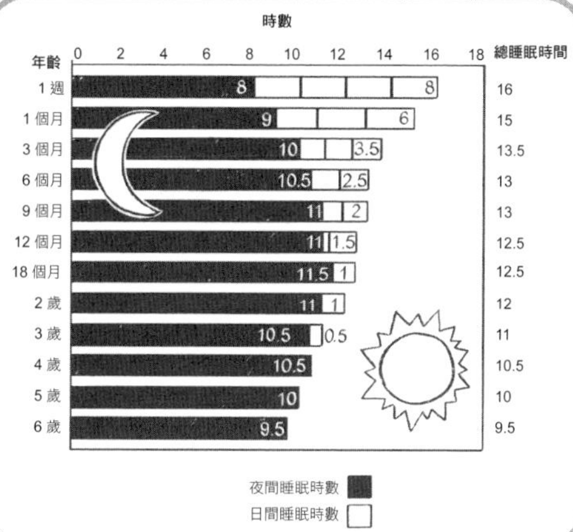

③一覺到天亮

溫和睡眠訓練的準備就緒跡象

– 體重超過 5 公斤

– 曾經連睡超過 5 小時

– 夜間哺乳時看來不餓

▷流程表為夜間睡眠訓練的指引。

一覺到天亮

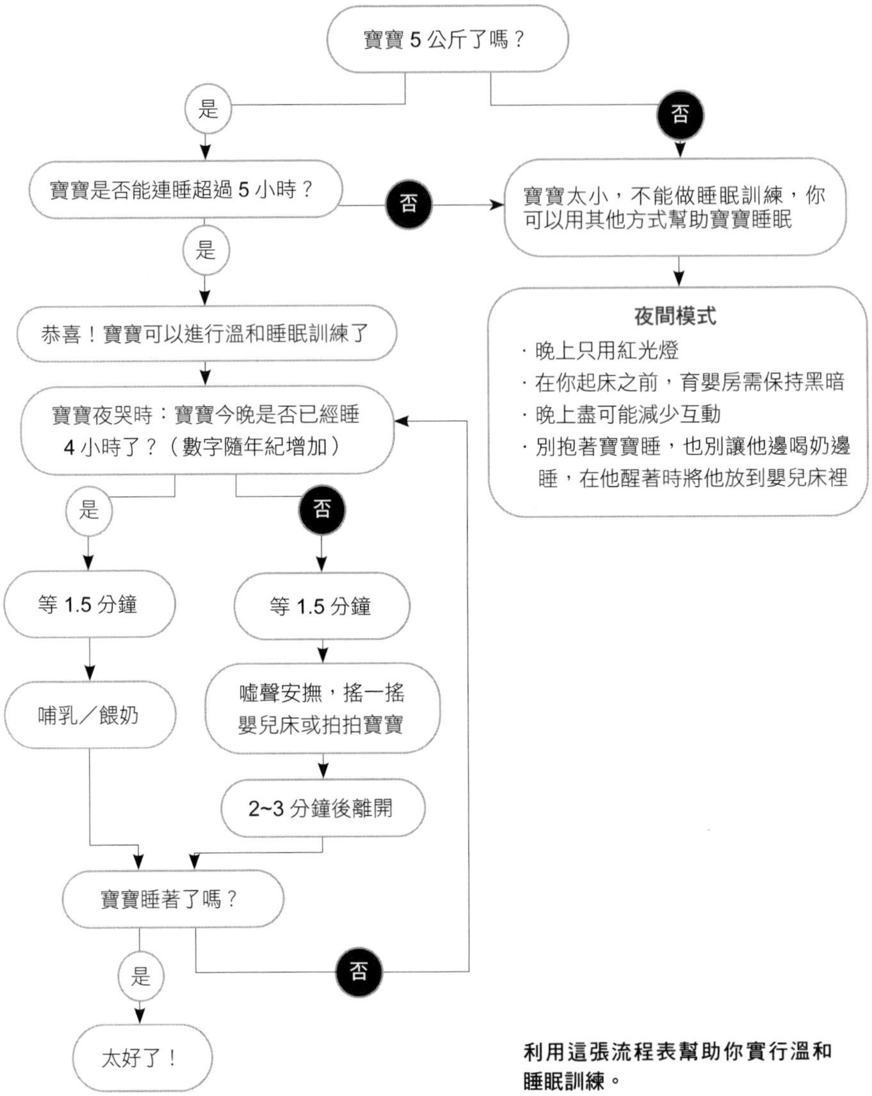
寶寶 5 公斤了嗎？
是
否
寶寶是否能連睡超過 5 小時？
否
寶寶太小，不能做睡眠訓練，你可以用其他方式幫助寶寶睡眠
夜間模式
· 晚上只用紅光燈
· 在你起床之前，育嬰房需保持黑暗
· 晚上盡可能減少互動
· 別抱著寶寶睡，也別讓他邊喝奶邊睡，在他醒著時將他放到嬰兒床裡
是
恭喜！寶寶可以進行溫和睡眠訓練了
寶寶夜哭時：寶寶今晚是否已經睡 4 小時了？（數字隨年紀增加）
是
否
等 1.5 分鐘
等 1.5 分鐘
哺乳／餵奶
噓聲安撫，搖一搖嬰兒床或拍拍寶寶
2~3 分鐘後離開
寶寶睡著了嗎？
是
否
太好了！

利用這張流程表幫助你實行溫和睡眠訓練。

〈附錄3〉

寶寶好物

爲了在你的睡眠訓練過程中提供更多支持，根據本書中所述的計畫，可下載我的 Kulala **嬰兒睡眠** app。Kulala app 裡包含本書大多數資訊，在爲寶寶創造並維持作息時非常有用，隨著寶寶年齡的增長，軟體也會自動更新資料。

在 Google Play 商店或 Apple App 商店都可下載。

紅光燈：這是讓寶寶維持在夜間模式的必備物品。你可以在購物網站找到紅光燈泡，安裝在你自己的任何檯燈裡，也可以從 Kulaland.com 訂購特別的 Kulala 燈泡，該燈經過特殊設計，完全不會產生會讓人清醒的藍光，其他功能如靜音觸控模式和調光模式：寶寶開始哭泣時將燈打開，以觸控調暗燈光，並具有安撫舒緩的白噪音。如果你從別的地方買了紅光燈泡，請選擇亮度約60瓦的

LED燈，這種燈泡比傳統白熾燈耐用節能，而且它的紅色調也比較「乾淨」，更適合幫助寶寶睡眠，60瓦的亮度就可以看得很清楚，甚至可以看書，如果你的幼兒想開著燈睡覺，將燈放在房間角落，就不會太亮了。

智慧型手機或電腦的濾藍光程式：蘋果手機和安卓手機都有夜間模式，設定在寶寶就寢時間前2小時自動開啓夜間模式，在起床時間自動關閉。我建議額外安裝一個濾藍光程式（軟體商店中有很多可用的app），因爲手機原本的app無法讓螢幕發出足夠的紅光。螢幕看來應該是帶紅色的，而不只是黃色，筆記型電腦也要使用夜間模式，微軟電腦可安裝flux程式，這些程式也像手機軟體一樣可以設定自動開關。

遮光窗簾：是必備物品，可讓寶寶處在夜間模式，直到設定的起床時間。這項物品有非常多的選擇！你可以購買遮光窗簾掛在窗簾上，也可以選擇易於安裝的黏式窗簾，例如Bobotogo黑色百褶遮光窗簾，或攜帶式窗簾，例如帶有吸盤的AmazonBasics攜帶式嬰兒旅行窗口遮光窗簾（amazon.com皆有販售）。

攜帶式嬰兒床遮光罩在旅行時可有效控制飯店房間或祖父母家的光照環

境，它可以蓋住嬰兒床、阻隔光線，同時保持通風，維護寶寶安全。其中一個選項是 SnoozeShade Pack N Play 嬰兒床頂帳篷（amazon.com）。

白噪音程式：在兩大 app 商店裡都有許多程式版本。

寶寶追蹤程式：在兩大 app 商店裡都有許多免費程式，追蹤程式可幫助你記錄餵食寶寶、換尿布的頻率，以及寶寶的睡眠時間，絕對有助於建立作息。

白噪音機器：機器能幫助寶寶睡覺，尤其是寶寶和手足或爸媽同睡在一個房間，購買選擇很多，例如亞馬遜網站，我們的 Kulala 寶寶睡眠燈泡也有內建這項功能。

搖籃床：搖籃床非常適合安撫嬰兒；搖擺的動作能讓他平靜下來，市面上有許多不同款式可以選擇。

寶寶搖椅：搖椅是日間小睡的好物，如果嬰兒未滿2個月，要選擇可讓嬰兒完全躺平，且下巴沒有碰觸到胸口的商品，以確保呼吸順暢。Fisher-Price 的 My Little Snugabunny 是不錯的品牌（amazon.com）。

SwaddleMe **襁褓毯**：這是終極的睡眠輔助工具，非常適合幫助你好好地包裹住寶寶，在你希望他能睡個長長的好覺時安穩睡過一夜，在亞馬遜網站上和各大嬰兒用品店都可以買到。

睡袋：對嬰兒而言，毯子不安全，所以嬰兒長大不能再使用襁褓時，可以用睡袋保暖。睡袋有不同款式。

Eurasian Publishing Group
圓神出版事業機構
用心與你對話・視野無限寬廣
如何出版社
Solutions Publishing
www.booklife.com.tw reader@mail.eurasian.com.tw
Happy Family 083

科學驗證、保證有效的寶寶熟睡法

作　　者／蘇菲亞・阿克塞爾羅德（Sofia Axelrod）PhD
譯　　者／許可欣
發 行 人／簡志忠
出 版 者／如何出版社有限公司
地　　址／台北市南京東路四段50號6樓之1
電　　話／（02）2579-6600・2579-8800・2570-3939
傳　　真／（02）2579-0338・2577-3220・2570-3636
總 編 輯／陳秋月
主　　編／柳怡如
責任編輯／張雅慧
校　　對／張雅慧・柳怡如
美術編輯／李家宜
行銷企畫／詹怡慧・曾宜婷
印務統籌／劉鳳剛・高榮祥
監　　印／高榮祥
排　　版／莊寶鈴
經 銷 商／叩應股份有限公司
郵撥帳號／18707239
法律顧問／圓神出版事業機構法律顧問　蕭雄淋律師
印　　刷／祥峰印刷廠
2020年12月　初版

HOW BABIES SLEEP
By Sofia Axelrod

定價 340 元　ISBN 978-986-136-562-6

從尊重寶寶的角度出發，才能解決0～3歲寶寶的所有問題
天才嬰兒保母崔西針對育兒最常發生的所有問題，
一一提出詳細解決及訓練方法，內容完整充實，
帶你一步步養出好吃好睡的天使寶寶。
「E・A・S・Y」育兒法實用又奏效，讓你照顧寶寶好EASY！
——《超級嬰兒通實作篇》

國家圖書館出版品預行編目資料

科學驗證、保證有效的寶寶熟睡法 / 蘇菲亞.阿克塞爾羅德PhD文；許可欣譯. -- 初版. -- 臺北市 : 如何, 2020.12
272 面；14.8×20.8公分 --（Happy Family；83）
譯自：How babies sleep : the gentle, science-based method to help your baby sleep through the night
ISBN 978-986-136-562-6（平裝）
1. 育兒 2.睡眠
428.4　　109015942